本书得到国家社科基金项目
"基于弹性视角的北极航道安全风险治理研究"（19BZZ104）的支持

安全的新内涵
与实践

基于韧性理论

S A F E T Y - I I I N P R A C T I C E

Developing
the Resilience Potentials

〔丹〕埃里克·郝纳根（Erik Hollnagel） **著**

马晓雪　乔卫亮 **译**

社会科学文献出版社
SOCIAL SCIENCES ACADEMIC PRESS (CHINA)

献给我亲爱的妻子艾格尼丝

译者序

　　在人类社会发展的过程中，安全管理相关理论的重要性不言而喻。自安全科学诞生至今，工业界和学界的专家学者一直致力于安全管理理论和方法的研究与应用，在这个过程中，与"安全"总是同时出现的还有另外一个词——风险，一般认为安全管理的目标就是将风险控制在可接受的范围内。这种研究范式与"安全"这个词的起源不无关系，英文单词"safety"源自法语单词"sauf"，中文意思是"没有"，即安全就是没有风险。在早期的工业化时代，风险来源相对单一，主要体现在技术故障层面，因此，这种理论观点对当时的安全生产水平保障起到了很大作用；随着科技的发展，安全管理进入"人为因素"时代以后，来自人为因素相关的风险受到普遍关注，由此诞生了很多知名的研究理论和方法；人为因素相关理论和方法并未完全解决安全问题，由此，安全进入面向组织管理的时代，强调安全文化的建设。在整个过程中，"安全"一词一直沿用其原有的含义，即"没有（风险）"，安全管理的核心一直是降低事故尤其是重大事故的发生。但是安全生产重大事故还是时有发生、从未间断，因此，部分学者开始反思，我们的安全管理到底是哪个环节出了问题。

　　韧性理论的出现为解决该问题提供了一种思路。早期的"韧性"为物理学概念，后来生态学家克劳福德·霍林将其引入生态学领域，并获得了成功应用，到 20 世纪末期，该理论已在经济学、教育学、社会学、心理学、风险管理等领域进行了诸多研究和应用。与传统安全管理不同的是，韧性理论强调的是"有"，而不是"无"，即韧性理论不再仅关注社会运行中的"意外事件"

（事故），而是重点关注社会运行的"正常事件"，这种观点恰好符合当今大数据信息化时代下安全管理的需求。因为大数据分析的基础是大量数据，但是社会运行的"意外事件"毕竟是少数，无法提供大数据分析所必需的海量数据，而社会运行的"正常事件"则完全可以满足这样的数据需求。

本书作者埃里克·郝纳根是国际安全研究领域的知名学者，多年以来一直致力于韧性理论在安全领域的研究工作。作者将安全研究划分为两个阶段，分别是以风险应对为主的安全-I 和以开发韧性能力为主的安全-II。本书系统阐述了安全-II 下，引入韧性理论的必要性和优势所在，并对组织和个人的韧性表现特征进行了分析，提炼了相关的表征指标，重点对四种韧性潜能（响应、监测、学习和预测）进行了全面分析，基于此提出了四种韧性潜能的评估方法和程序，并给出了相关示例说明，同时本书对韧性潜能的开发策略也进行了说明。本书对深刻认识安全管理研究中存在的问题以及韧性理论在安全领域的研究和应用具有非常高的借鉴和参考价值。

本书的翻译工作得到了社会科学文献出版社黄金平编辑的大力支持，在此表示感谢！由于书中内容涉及多个学科领域，原作者的理论背景深厚，很多术语目前学界还没有形成统一认可的翻译表达，译文中难免有不准确之处，敬请读者批评指正。

在本书的翻译过程中，得到了许多同行和专家的指导和帮助，在此表示衷心的感谢！另外，大连海事大学航运经济与管理学院的博士研究生沈俊、刘阳、兰赫，公共管理与人文艺术学院的刘雨、何佩龙、张靖雯同学，以及烟台职业学院的周群参与了本书的翻译与整理工作。

译　者
2020 年 9 月

序

就像孩子一样，韧性工程的发展尽管尚未成熟，但仍在不断成长之中。它也有出生日期——至少可以具体到年份，甚至可能还会有出生地。专家、学者第一次聚到一起研讨韧性工程是在2004年10月，在瑞典的南雪平镇（Söderköping）。这意味着撰写本书时（2016年）韧性工程已发展了12年。然而，韧性工程的酝酿期更为久远。该术语的第一次使用可以追溯到2000年大卫·伍兹（David Woods）为美国国家航空航天局（NASA）做的一次报告，当时NASA正在考虑如何在一系列太空探索事故后更好地管理高风险任务（Woods，2000）。与此同时，埃里克·郝纳根（Erik Hollnagel，2001）开始在权衡效率与缜密性的过程中探索将安全作为一种平衡或准平衡状态，这些探索与其他重要权衡构成了韧性工程的理论基础（Hollnagel，2009a）。自2004年以来，韧性工程的理论发展编录在五本著作、众多会议报告和期刊论文当中。近期，韧性工程原理在医疗保健领域中的具体应用已经演变成一个单独的领域——韧性医疗保健。

从一开始，人们就对韧性工程产生了浓厚的兴趣。开展这一项新的研究，其部分动机源于人们对现有安全分析和安全管理方法开始产生不满，即使不是彻底的失望。由于安全通常被定义为"免受不可接受的伤害"或类似相关的概念，安全管理的目的自然也就是确保这种"免于伤害"。但是，随着社会技术系统的规模不断扩大甚至更加难以控制，这种期望的"免于伤害"的实现也更加困难。韧性工程从一开始就认识到，我们不仅需要防止意外事件和事故的发生，而且还必须确保韧性——组织在预期和意外情况下都能发挥预期功能的能力。因此，韧性工程为安全管理提供了一种新的解读视角。

本书引入"安全-I"和"安全-II"这两个术语来凸显两种观点之间的差异，以阐明当今世界安全管理的目的。安全-I强调的是一种防护性安全，因此关注的重点是事情如何出现差错；安全-II强调的是生产性安全，因此关注的重点是事情如何顺利进行。尽管专注于如何带来可接受的结果并为此寻求支持并非新颖，也非奇妙，但在安全-I中没有什么概念或方法可以帮助我们来实现这一目标。

本书的目的是提供可用于管理安全-II的概念和方法，换句话说，这些概念和方法可用于改善组织的整体运作方式，而不仅仅是在安全层面免于遭受风险和伤害。第一章和第二章简要介绍了安全管理和韧性工程。第三章讨论了韧性表现的本质，并介绍了韧性潜能的概念。第四章和第五章描述了韧性潜能的细节以及如何对其进行评估。理解韧性潜能作为一个整体如何发挥作用至关重要，因此在第六章介绍了韧性表现的一个功能模型。在此基础上，第七章概述了管理组织绩效和开发其韧性潜能的总体策略。最后，第八章提出了一些关于安全形势变化的思考，并对未来的发展提出了一些建议。

目　　录

图表目录

图目录

表目录

第一章
安全管理年鉴 2016

　　安全管理有一段短暂而曲折的历史，从防止人受到伤害的意 义上讲，对于工作场所安全的制度化关注大约可以追溯到 200 年前。最初安全问题关注的焦点集中在工作人员可能遭受的危害和伤害方面。这很容易理解，要考虑作业的属性，尤其是所使用的相对简单的技术的属性。从 21 世纪第二个 10 年的作业生产的角度来看，19 世纪作业场所使用的技术非常简单，这主要是因为当时的自动化水平很低。作业流程彼此相对独立，通常表现为流水线化的线性依赖关系。然而，在 20 世纪中叶，这一切发生了巨大的变化，主要是由于数字计算机、电子通信、控制论和信息论等新技术和科学理论的出现。技术在变得更加强大的同时也更加复杂，工作流程呈现集成化和相互依赖的趋势，消费者对质量和可靠性的要求越来越高，工作节奏随之也不断加快。由此，安全不再仅仅局限于防止作业人员受到伤害，而是必须考虑所使用的技术对消费者、无辜的旁观者以及社会所产生的可能危害。

　　许多新技术的发展在很大程度上是由二战期间军方的需要以及二战后冷战的延续所推动的。如工业安全管理体系（SMS）的前身即系统安全工程，就始于 20 世纪 50 年代美国空军弹道导弹部门的研发。由于设备复杂性的增加，我们需要确保技术能够按照预期的方式发挥作用，并在保证操作效率的前提下达到最佳的安全性能。在民用领域，很快也出现了同样的需求，复杂技术作为向消费者提供更优质的产品、服务以及提供更高盈利能力的一种方式而受到热烈欢迎。尽管在这样的情况下，安全等方面出现了诸多问题，但迄今为止对复杂技术的需求仍未显示减弱的迹象。

安全管理体系在 21 世纪初开始出现，国际民航组织（ICAO）提出了安全管理体系的标准，其描述如下：

> 安全管理体系是一种组织化的安全管理方法，包括必要的组织结构、职责、方针和程序。（ICAO，2006）

国际民航组织所提出的安全管理体系标准非常典型，这主要是由越来越多严重的航空事故推动的。从这个意义上说，它与 19 世纪的安全立法并没有什么差别，也与其他所有提高安全的努力、举措没有什么不同。国际民航组织的安全管理手册将安全定义为：

> ……通过持续的危害识别和风险管理过程，将对人身或财产造成损失的可能性降低并保持在可接受水平的状态。

对于所有行业和职业而言，安全意味着免于受到伤害，因此也就不会承受故障、损坏、事故或其他意外事件的后果。安全管理的目的是确保出错事件（比如危害）的数量以及不良后果的数量越少越好——最理想的状态为零。然而，越来越多的行业和从业者已经意识到，在当今世界这种努力还不够。正如韧性工程所指出的，对于复杂的社会技术系统而言，仅仅识别和消除危害，预防、阻止不良后果的出现是不够的。安全的状态还必须关注那些进展顺利的事情，以便找到支持和促进它们的方法，这不仅适用于作业中的个人，也适用于组织和所有的安全管理体系。

1.1　管理"不存在"的东西

　　常见的安全管理方法有两个最为严重的问题，即安全的测量方法和安全的研究方法。

　　测量问题很简单，测量值的降低表示安全水平的提升。因此，所报告事故（或其他不良结果）的数量越低就表明安全水平越高。安全管理的目的是持续减少或消除不良后果，从而达到期望的"免于伤害"的状态。但是，只有在存在可测量指标的条件下，才有可能知道安全管理体系的运行状况。因此，安全管理体系运行得越好，关于如何改进的信息就会越少。这与众所周知的监管悖论相一致，即缺乏反馈最终会导致控制权的丧失（Weinberg & Weinberg，1979）。这一悖论的本质是，监管者的任务是消除偏差，但这种偏差恰恰是衡量监管者工作好坏的最终信息来源。因此，监管者做得越好，他得到的关于如何改进的信息就越少。如果对安全的投入无法带来可测量的结果，如事故数量的减少，那么就无法知道投入是否达到了预期效果。此外，如果事故的数量一开始就很低，那么就更难以对改进所取得的成效进行测量。

　　在某种程度上，如何研究安全的问题来源于安全本身的定义，即（相对）没有伤害或危害（见第八章）。发生此类伤害意味着安全的缺失，或者是由安全的缺失所致。因此，我们试图通过研究缺失安全的场景来提高我们对安全的理解，这完全是自相矛盾的。安全科学区别于其他科学之处在于，它试图在其研究主题不存在的场景下开展研究工作，而不是在研究主题存在的场景下进行研究。在这样的背景下，整体研究进展如此缓慢也就不足为奇。

　　人们普遍认为，安全管理应追求"零愿景"，应尽可能降低风险水平。虽然从直观上讲，没有事故和意外是合理的，安全管理的目标设置为消除事故和意外却显得不太合理。很显然，管理不存在的事物是困难的，不仅难以对其进行量化测量，同时也难以理解其本身。令人感到安慰的是，在这方面，安全并不孤单，同样的问题也存在于统计过程控制、精益生产和全面质量管理中。

1.2 安全管理：注重细节

当人们试图解释某些事情尤其是那些以各种方式让人感到惊奇或意外的事情时，人们往往更倾向于单一原因的解释。认为一个问题的产生只有一个原因而不是多个原因，就可以单独考虑每个问题，并在继续下一个问题之前解决这一问题。

这种方法的主要假设是，发生的任何事情都可以分解成若干部分，并且每个部分都可以在不考虑其他部分的情况下进行处理。不管问题是在过去发生的——由事故或意外事件的根本原因分析进行说明，抑或是将来可能出现的——由事故树进行说明，都是如此。在被动反应式案例中，例如事故调查，其原理是显而易见的，每一条潜在的或可能的致因都予以单独考虑，因此会导致（至少）有多少条致因就会有多少种解决方案或对策。澳大利亚关于如何减少输血危害的研究在这方面提供了一个很好的例子（VMIA，2010）。该项研究最后提出了 40 条不同的建议，分布如下：环境方面（3 条建议），员工方面（9 条建议），设备方面（12 条建议），患者方面（2 条建议），工作流程方面（6 条建议）和文化方面（8 条建议）。它很好地展示了我们是如何试图通过简化手段来解决棘手的实际问题。

1.3 通过从事故中学习实施安全管理

在传统的安全管理中，容易意想不到且通常被忽视的一项后果是，安全管理的基础是由一系列组织运作的过程分析所构成。——或者说，是对组织无法运作、运作失效的原因分析。传统观点认为，事故和意外事件为我们提供了学习的机会，并且为采取措施以确保不再发生相同或类似的事件奠定了基础。事实上，在安全领域，其中的一本开创性著作即名为《从工业事故中学习》（Kletz，1994）。然而，考虑一下，事故是不经常、不定期发生的事件，且会导致严重的不良后果。因此，事故并非一个组织运行的典型特征。相反，事故往往代表了组织部分或全部失效的一种异常情况。然而，安全管理关注并分析这些场景以提高安全性，遵循的是"发现并修复"的方法。不开玩笑地说，它实际上称为"不安全的管理"更合适。

基于对事情出现差错的场景进行分析的安全管理的原理如图1.1 所示。多条灰色轨迹或曲线代表了通常发生的大量正在进行的过程或活动，安全管理的目的是确保它们不低于安全表现的极限，如图 1.1 中的虚线所示。（其他类型的管理，例如质量管理，可能会致力于限制过程的可变性，并使其尽可能接近平均值。）安全表现的极限曲线并不固定，而是取决于当前条件，因此在图 1.1 中显示为起伏曲线而不是水平线。黑色曲线段表示产生（或假定产生）预期之外后果的过程或发展阶段。预期之外的后果不会经常发生，只是因为一个运作正常的组织无法承担这种后果。如果它们频繁发生，则会发生以下两种情况之一：要么采取措施进行改善，要么该组织将不复存在。预料之外的后果也不会经常发生，当事情出错时，通常是意想不到的。因此，"从事故中学习"是基于组织无法运行的偶然事件，即关注的是组织的异常状态。黑色曲线段表明，我们关注的往往是事故前后发生的事情，而不是关注事态的长期发展。更糟的是，我们通常使用线性因果关系将组织的这种异常进一步描述为单个"部分"或结构的失效，因此，这很难成为管理组织安全的最佳基础。

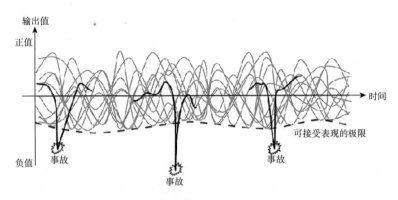

图 1.1　从事故中学习以管理安全

1.4　通过日常表现实施安全管理

与其将安全管理建立在不良后果的不常发生、不规律发生的基础上，并假设它们是由黑色曲线段所代表的有序"机制"所致，不如将重点放在由多个灰色曲线所代表的日常过程中。如图1.2所示，重新绘制曲线，进行颠倒设置，即用黑色凸显日常过程，而事故以灰色显示。

可接受的结果与不可接受或有害的结果之间存在很大不同，可接受的结果是连续的，当然也是可接受的，即高于不可接受表现的极限。实际上，建立和运行组织的一般目的就是确保一种可靠的、持续提供可接受结果的运作方式。因此，安全管理和一般管理的重点，必须是保证组织持续地正常运行或发挥功能，而避

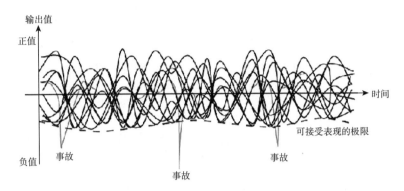

图 1.2　通过日常表现来管理安全

免例外、罕见的事件发生。

任何一种管理的重点都应该放在正常发生的事情上，而不是很少发生或根本不会发生的事情上。当前方法普遍认为，事故是发生的事情，没有事故就代表"什么都没有发生"。的确，在平静、稳定的日常工作中，基本没有什么特别的事情发生。没有什么不寻常的事情发生，也自然没有什么事情会自动引起人们的注意，但如果基于此就认为什么都没有发生，那就大错特错了。相反，在日常工作中，实际上有很多事情发生，但因为它们每天都在重复性地发生而未被注意到。正是因为这些问题的出现通常具有规律性、常规性和习惯性，而且其结果往往与预期并无差别，所以未引起人们的注意。但恰恰是在"什么都没有发生"的时候，我们才是安全的，因为没有发生事故；当"什么都没有发生"的时候，我们才是有生产力的，每单位产出（产品）的数量是足够的；只有"什么都没有发生"的时候，我们才是有效率的，能够在可接受的时间和精力损耗范围内进行生产；当"什么都没有发生"的时候，我们才能高质量地进行生产，仅生产少量的"次品"。

因此，对组织日常表现的管理，尤其是对安全的管理，应该建立在对"什么都没有发生"的理解之上，这种"什么都没有发生"是每时每刻都在发生的，是典型的日常过程，而不是基于对组织功能失调状态的理解。我们需要知道和理解事情是如何发生的，并且能够对其进行测量和评估。这就是本书的内容。

1.5 安全-I 与安全-II

大约在 20 世纪初，有关韧性工程的思想开始从一小部分安全管理专家扩展到更广泛的安全从业人员及学术界当中。当时，研究的主要动机是关注复杂社会技术系统中的安全性，而当时安全被普遍定义为"免于不可接受的伤害"或类似状况。韧性工程的发展受到以下认知的推动：现有已建立的安全方法是无效的，甚至可能是有害的，因此对安全管理的发展起到了阻碍作用（Haavik et al.，2016）。安全管理以一种强烈的信念作为基础，即所有的不良后果都有可识别的原因，一旦发现这些原因，就可以对其进行消除或使其失效，正如因果关系推断所解释的那样。安全一般被定义为尽可能少出问题的状态。从这个理解出发，安全是可以通过防止出现问题来实现的，即通过对不良后果或可能导致不良后果的事件进行监测和响应来实现，这种对安全性的理解当前被称为安全-I（Hollnagel，2014a）。

而韧性工程则采用了不同的方法。它首先反驳了一个默认的假设，后果和原因之间存在价值对称性，即不良后果是由类似的不利原因造成的。价值对称表达了这样一种观点，即不可接受的后果对应不可接受的原因，反之亦然。因此，事故被看作事情出现差错（失效、故障或失误）时的后果。它符合我们的道德准则，即善行（为）有好报，恶行（为）有恶报。在这种情况下，"好报"和"恶报"分别是可接受和不可接受的后果，而行为则是推断出的原因。这一观点也被称为不同致因假说，意思是可接受后果的致因不同于不可接受后果的致因。不可接受后果的致因是失效、故障或失误，而可接受后果的致因是正确地操作系统，特别是无误的人为操作。相反，韧性工程认为"失败是成功的另一面"。换句话说，事情无差错和事情出现差错基本上是以相同的方式发生的。因此，必须放弃价值对称的隐含假设。

通过放弃价值对称的假设（该假设可以被看作不同致因假说的道德等效），——当事情出现差错但仍处于潜伏状态时，不再需要援引看起来像是上帝主持正义的"失误机制"。因此，应该用致力于确保一切事情进展顺利取代致力于防止事情出现差错。由此，引出了安全-II 的定义，即一切事情尽可能进展顺利的状态。在该解读下，安全是关于在组织的各个层次上如何去支持、增强和促进可接受后果所必需的日常活动。它是一种与质量和生产力密不可分的安全，也就是说，这些利益的实现所需要的措施和方法是兼容的，而不是互相排斥的。

1.6　安全作为一种"解毒剂"

英语单词"safe"来自法语单词"sauf"，意思是"没有"，而"sauf"又来自拉丁语单词"salvus"，意思是"完整的"或"整体的"。这也是当前安全含义的基础，即免于危害或伤害。[例如，美国国家标准协会（American National Standards Institute）将安全定义为免于不可接受的风险。] 因此，安全一般被描述为针对事故、意外事件和不良后果致因的一剂良药。作为解毒剂，安全也必然与普遍认同的危害和伤害致因及其作用机理有所关联。通过查看安全管理的主要发展趋势，我们可以很容易地说明这一点。

1号"解毒剂"：预防和消除

8   安全管理的第一个发展趋势对应于多米诺模型所代表的简单线性思维。该安全范式认为，原因和结果之间存在着可识别的因果关系，在某些情况下，导致结果的是简单而直接的原因，但在大多数情况下，结果是由因果关系链或因果关系序列导致的。按照这种思维方式，可以通过防止事情出现差错、防止致因发挥作用、阻止危害变成现实，或是通过消除致因和危害，来实现安全。因此，要做的第一件事就是识别可能的危害或风险源，然后确定它们是否严重到应该予以充分的重视。至今这仍是安全管理中最普遍的基础，并已被纳入故障模式与后果分析（FMEA）、人因可靠性分析（HRA）、危害与可操作性研究（HOS）等标准方法中。

2号"解毒剂"：增强防御能力

    第二个发展趋势对应于瑞士奶酪模型所代表的复合线性思维。该安全范式认为，不良后果是不良事件以及预防措施、安全屏障或防御措施的失效共同造成的。因此，解决方案是加强安全屏障和防御措施，或者是采取多重防御或纵深防御的方法。只要致因涉及实体运动或某种实体行为，就可以有效地使用实体和功能性防御措施。但当致因涉及决策、选择、优先等级等情形，甚至涉及一个组织的文化时，防御措施的使用就会变得有些麻烦，因为此时安全屏障必须是象征性的或无形的，而非实体和功能性的。

    如果有时很难使防御措施具体化，那么使某些致因具体化就会更加困难。"对异常状况习以为常"① （the normalisation of deviance）思想中的"缓慢转变"概念就是一个例子。但是，一个组织不能

_____

①   不按常规办事，侥幸没有出问题，就继续违背常规，而且把这种行为正常化，一旦出现事故，就会付出惨痛的代价。——译者注

"缓慢转变"，其中一个原因是没有定义明确的实体，另一个原因是无法对其可缓慢转变的"空间"进行合理定义。这并不是否认，在工作实践中可能会出现缓慢而渐进的变化，这些变化可能会影响组织的运作方式，并且事后可能会被认为对风险缓冲带造成了冲击。但是，这些变化可以被更好地理解为组织在对效率和周全考虑之间的权衡时，逐渐向前者而不是后者进行了优势转移。

3 号 "解毒剂"：应对复杂性

第三个发展趋势对应于当代对复杂性和复杂系统的追捧。这是自 20 世纪 80 年代初开始逐渐发展起来的，当时查尔斯·佩罗（Charles Perrow，1984）引入了正常事故的概念，并指出一些系统的复杂性是因为它们具有紧密耦合和非线性关联的特征。但是，如果我们接受复杂性是某些现代系统（其中大多数是大型社会技术系统）的真正特征的观点，那么"解毒剂"的问题仍然存在。与第一个趋势和第二个趋势不同，第三个趋势（复杂性）并未指出任何可识别的致因。后果的产生不再基于某种可确定的原因，而是来自复杂性本身。那么解决的办法是什么？机智地应对复杂性，降低复杂性使系统简单化，还是用自动化来强化脆弱的人类思维？

　　要理解"解毒剂"是什么，有必要认识到存在几种不同类型的复杂性：

　　●数学意义上的复杂性，针对的是存在太多要素与关联关系以至于无法用简单的分析或逻辑推理对系统进行理解的情况。数学意义上的复杂性是对系统可能呈现的状态数量进行测算。

　　●语用复杂性，意味着一项描述，或一个系统存在诸多变量。

●动态变化意义上的复杂性，指的是因果关系微妙，干预的效果随时间推移不明显的状况。

●本体论意义上的复杂性，没有科学上可发现的意义，因为不可能独立于描述方式来指代系统的复杂性。

●认识论意义上的复杂性，可以定义为在空间和时间上完整描述一个系统所需的参数数量。虽然系统可以在认识论方面进行递归分解和解释，但在本体论方面则无法实现。

本体论意义上和认识论意义上的复杂性之间的关系是理解复杂性的基础（Pringle, 1951）。如果我们假设存在一个真正的本体论意义上的复杂性，这意味着某些系统（或现象）本质上是复杂的，接下来我们需要考虑是否有可能对这种复杂性进行简单的描述。如果答案是肯定的，那么很显然，复杂性作为一种特性或现象，会独立于它的描述。在这种情况下，我们应该能够理解复杂性本身，而不是所描述的那样。但是如果答案是否定的，那么我们必须接受复杂性是描述事物的一种特性，它是认识论而非本体论意义上的一个概念。所以，存在一种独立于其描述的复杂性的假设也就失去了逻辑基础。故而，"复杂系统"只不过是"具有复杂描述的系统"或难以应对的系统。在这种情况下，显然不需要"解毒剂"来应对复杂性，因为复杂性只不过是一种对复杂的描述。

区分本体论意义上的复杂（complex）和认识论意义上的复杂（complicated）具有实际意义。从实践的角度来看，如果系统描述需要许多术语或参数，并且系统中一小部分的变化可能会显著影响到许多或其他所有部分，则系统可以称为复杂的（complicated）。同样地，如果系统内某些参数未知或不可知，那么在实际中就不可能对这些参数进行测量和控制，这样的系统则被称为难以描述的复合体。对于后者，解决方案是确保所有参数都是已知的，并在可能的情况下解耦参数。如果能做到这一点，这个系统就不再是难以描述的复合体（因为它在任何情况下都属于认知范畴内），而是变得"仅仅是"认识论意义上的复杂。

虽然对于社会技术系统（汽车、炼油厂、铁路网络等），复杂系统由难以描述（complex）转变为可以描述（complicated）是可能的，但无法将此解决方案用于社会技术系统或组织当中。在任何大规模的社会系统中，总会有未知的耦合。一个显而易见的原因是，这样的系统不是设计的，而是在最初的基础上发展甚至成长起来的。然而，这种成长过程是部分自主性的（和目标导向的），因此无法对其详细描述。

解决复杂性的真正方法在于认识到复杂性具有认识论意义，而不是本体论意义。复杂性被用作一个标签，来掩饰我们对所做改变的结果进行理解和阐述的有限能力，这些改变塑造了我们生活和活动的环境。但是，如果我们认识到复杂性的本质——我们用来美化自身无知和认知局限的一种委婉说法——解决方案就会变得直截了当。解决方案不是对抗现实世界的本体论意义上的复杂性，因为根本就没有本体论意义上的复杂性，而是改进我们描述世界的方法。这种描述目前被线性因果思维所主导。事实上，复杂性可以被看作线性描述的人工产物。因此，我们需要超越这些线性思维，进一步发展相关概念和关联，形成一种"语言"使我们能够描述当前方法难以实现的不可预测性和不确定性。人类思维是能够做到这一点的，这一点已在数千年的数学研究中得到了相当有说服力的证明。

第二章
"韧性"是什么

本书的目的是提出一种实用的方法来开发和管理组织的韧性潜能,以确保(或尽可能确保)组织有能力应对预期和意外情况的发生。在较早前,与韧性工程相关的著作就已经清晰地表明,韧性与组织在运作时的表现有关,并不与组织具有的性质相关。韧性是指组织在运作时的一种典型方式,即组织的行为和操作,而不是组织本身的特征、组织的品质或组织具有的某种事物。尽管如此,人们还是花费了大量的精力来讨论什么是韧性,如何测量韧性,以及如何设计或管理韧性。

一个组织的运作方式显然取决于它能做什么。实际表现取决于潜在功能,并且前者可以合理地解释为后者的一部分。韧性的表现可以看作组织在实际情况或条件下应对潜能的综合;韧性表现并不是单个因素或能力的表达,而是多个因素或潜能的复杂组合。因此本书所关注的问题是如何在实际中开发和管理这些潜能。

2.1 韧性概念的起源

人们普遍认为,"韧性"一词最初是由英国海军在 19 世纪初使用的,它解释了为什么某些类型的木材能够承受突然且严重的形变而不会破裂(Tredgold, 1818),因此韧性代表了材料的一种属性或品质。大约 150 年后,加拿大生态学家克劳福德·霍林(Crawford Holling, 1973)提出,可以用两种不同的特性来描述生态系统，它们分别是韧性和稳定性。在生态学中，"韧性"一词是指系统吸收变化的能力，而"稳定性"是指系统在短暂干扰后恢复平衡状态的能力。后来引入适应性循环的概念扩展了生态韧 12 性的定义（Carpenter et al.，2001）。由此得出结论，生态韧性具有三个主要特性：

- 系统在保持功能的同时所能承受的变化量。
- 系统可以自行组织的程度。
- 系统可以开发学习和适应能力的程度。

适应性和适应性循环的概念在系统理论的当代讨论中继续发挥着重要作用，例如，以复杂适应性系统为对象，适应性和适应性循环概念在韧性工程中得到了广泛讨论。

生态系统需要一个适应性循环是有依据的，因为它们是在复杂多变的环境中进化的。（当然，一个重要的附加条件是适应速度必须明显快于环境变化速度。）但是对于已重点关注韧性工程的社会技术系统而言，适应性循环不是必需的。原因很简单，一方面，生态系统是没有意识的，并不会产生主动意图，而仅有外部反应性；另一方面，社会技术系统或组织是存在意识的，因为根据定义，其中包括人类。与生态系统相比，社会技术系统能够且确实考虑了可能发生的事情，同时也能够利用它来指导自身行为。因此，它们较少依赖重复适应或适应性循环。（然而，它们可能不会都表现出同等程度的主动性，有时也会失灵。）由于预测比适应更快、更强大，预测能够有效缩短社会技术系统和组织的适应周期。缺点是由于预测是面向未来的，并不完全准确。然而，通过从经验中学习并限制预测的时间周期来提高预测的潜能，这种风险是可以被抵消的。

韧性在其他领域中的应用

除了生态学，在 20 世纪 70 年代初，"韧性"一词开始在儿童心理研究中被冠以抗压力的代名词，用来描述一般情况下人类承受创伤的能力。到 20 世纪末，商业界开始采用它来描述企业随着情况的变化而动态地重塑业务模型和策略的能力。如今，韧性的引用也可以在经济学、教育学、心理学、社会学、风险管理和网络理论，以及其他领域的研究中找到。

尤其是从生态学到商业领域的转变，使韧性内涵特征实现了由被动到主动的转变。在商业环境中，韧性描述了生存、适应、在动荡的变化中成长，以及在情况变化不可逆转前进行改变的能力（Hamel & Välikangas，2003）。因为商业环境能够快速变化，所以韧性不能被动地依赖适应或适应性循环，而是需要根据预期成果进行主动管理和前馈控制。这凸显了非意向性（生态）系统和意向性（社会）系统之间的重要区别。前者仅限于对所发生的事情作出反应，而后者则可以在事情发生之前根据预测作出反应。前者是反应性的，而后者既可以是反应性的，也可以是主动性的。在前者中，韧性是一种自然特征；在后者中，韧性则具有人为设计的特征。

2.2　韧性的负面含义

在安全领域及其他方面，"韧性"这个术语还通常具有负面含义，因为它专注于组织如何处理多样性、压力和破坏。由于韧性的起源及该术语的第一个现代用法是在物理学和材料科学领域，而物理材料又是被动的，只能作出回应，"韧性"就必须被看作或被认为与意外事件的潜在危害性或破坏性后果有关。即使在生态学中采用了韧性思想，但对风险的关注仍然存在。尽管生态系统是动态的，而物理系统是静态的，但生态系统仍然不具备意识，它仍然是反应性的，这种反应性一般带有随机响应的色彩，并且仅对某些事的发生进行响应，以及对某些事由外力或某种媒介以某种方式强制实行时响应。

类似于韧性工程，将韧性引入工业安全领域（广义上）时，负面和反应性含义也同时被引入。这也不难理解，因为安全（或者说是"安全-I"）按照第一章所述，在传统意义上来说，更多的是关注避免逆境、风险和伤害的方法。即使组织身处逆境，它仍然会关注负面因素以维持自身运作，这是十分常见的，因此，韧性被视为组织对干扰作出反应并从中恢复，且对其动态稳定性影响最小的能力。

然而，韧性工程不仅涉及动态系统，还涉及社会技术系统，即组织为实现给定的一个或多个目标而精心配置的人员、材料、活动和信息的集合。然而，这就意味着仅考虑关于负面影响的韧性是不够的。为了使组织能够存续，组织不仅应该在事情发生时做出响应，还要在事情发生之前采取行动。同时，它不仅需要在危险面前能够试图保护自己，而且还需要把握一切可能生存和发展的机会。无论是对个人、社会团体、管理人员还是组织本身来说，对机会的认识与响应是日常活动中不可或缺的一部分。这点与生态系统有相似之处，即当机会出现时生态系统就会做出响应，而不同之处在于生态系统既无法寻找也无法预测到机会，最重要的是它们无法创造或产生机会，但组织由于它是（或可能是）战略性和战术性的而能够做到这一点。 14

强调积极性

如上述简要历史脉络所示，对韧性的思考通常是一种二分法：一方面是材料、系统或情况缺乏韧性而可能导致不良后果；另一方面是材料、系统或情况存在韧性并可以避免不良后果。在

21 世纪初也是这种情况，当时提出了韧性工程作为传统安全观点的一种替代（或补充），我写的第一本书《韧性工程：概念和认知》（*Resilience Engineering：Concepts and Precepts*）提供了以下定义：

> 韧性的本质是组织（系统）维持或恢复动态稳定状态的内在能力，它保证组织（系统）在发生重大事故和/或承受持续压力后能够继续运行。
>
> （Hollnagel，2006）

该定义通过将两种状态并置来反映历史背景，一种是系统功能稳定的状态，另一种是系统崩溃的状态，但该定义仅局限于受到威胁、风险或压力的情况。

不过，在随后有关"韧性与稳健性"或"韧性与脆弱性"的讨论中，清晰地表明，韧性不仅是为了避免失败和故障，还是为了避免系统缺乏安全。因此在之后的《韧性工程实践》（*Resilience Engineering in Practice*）一书中，我将韧性定义更改为：

> （韧性是）系统在变动和干扰之前、期间或之后具有调整其运行的内在能力，以便它可以在预期和意外的情况下维持所需的运作。
>
> （Hollnagel，2011）

在此定义中，将"风险和威胁"替换成"预期和意外的情况"，重点也从"维持或恢复动态稳定状态"变为"维持所需的运作"的能力，这些发展的逻辑延续进而形成如下定义：

> 韧性是一种表达人们如何通过调整自己的表现来适应环

境，以独自或共同应对大大小小的日常情况的方式。如果组 15
织可以在预期和意外的情况（变化/干扰/机会）发生时按要
求运作，则组织是具有韧性的。

定义的更新扩大了韧性表现的范围。这不仅意味着组织能够
从威胁和压力中恢复过来，而且还能够在各种条件下根据需要执
行任务，并对干扰和机会做出适当的响应。因此，韧性工程的重
点是韧性表现，而不是作为属性（或品质）的韧性或"X 与 Y"
二分法中的韧性。

从防护性安全（安全-I）到生产性安全（安全-II）转变的过
程中，对机会的关注是非常重要的，最终实现了将韧性从安全中
分离出来，从而摒弃了过去枯燥无味的讨论和陈词滥调。韧性不
仅与如何维持组织安全有关，还与组织的运行表现有关。至少从
长远来看，与不能应对威胁和干扰的组织相比，无法利用机会的
组织也并不能比它们表现的好很多。

韧性工程的目的是确保组织可以在日常情况下有效地执行工
作，也就是说成功地完成日常工作。韧性工程的目的还有一点是能
够确保组织积极应对更多不寻常的情况（意外情况），包括当它们
（威胁和风险）有可能破坏正常运行或表现时，以及（机会）有可
能改善或增强日常表现时。实际上，这要求组织不仅在非常规或关
键事件发生时体现出韧性，而且需要在事件未发生时，即在具有可
接受结果的常规运行过程中，更多地表现出韧性。生态学和商业领
域一致认为，组织的韧性是其维持自身生存和发展能力的体现。生
存或存续本身就是韧性的映射，但并不等同于它。

2.3 组织的韧性水平如何？

人们一旦认识到组织的韧性是一个重要问题，就会关注如何

确定韧性的水平或程度。测量韧性时，将其与安全文化和其他整体概念进行类比是十分必要的。由于通常的做法是参考安全文化水平，理所当然地，我们也可以对韧性水平或程度提出类似的问题。但是，正如我们需要考虑安全文化的概念是否有意义一样，也应该考虑韧性水平的概念是否有意义。在这两种情况下，不同水平的安全文化或韧性的概念都没有多大意义。就安全文化而言，改变这种普遍的认知可能为时已晚，但在韧性的研究中则（希望）并非如此。

16　　在上面的论述中，韧性作为一种特质并不存在，所以说我们与其谈论韧性，不如谈论组织韧性表现的潜能，或者（稍不准确地来讲）就是一个组织的韧性潜能。尽管组织可能不具有韧性，但它可以具有韧性潜能，或者更确切地说，组织可以以一种具有韧性特征的方式来运行。这与上文讨论的最新的韧性定义非常吻合。

　　组织若有韧性表现潜能也并不一定意味着它总是以韧性的方式表现。反过来同样成立。除非一个组织有韧性表现的潜能，否则其表现不可能一直具有韧性。也就是说，虽然建立和管理潜能本身并不能保证韧性一定会表现出来，但缺乏韧性潜能将永远不可能表现出韧性（特殊情况除外）。

　　以本章"'韧性'是什么"为基础，本书的其余章节将讨论韧性表现的潜能，包括如何定义、如何对其进行测量和管理，以及如何为当今的安全管理系统提供一个经过验证的可行的替代方案。

第三章
韧性表现的基础

可以将组织定义为，由一群为了实现既定的共同目标而开展 协调一致的活动的人（称为组织成员）所构成的稳定联合体。组织的管理方式是将不同的角色或职能分配给不同的组或若干成员，并协调他们的工作，以便通过满足一个或多个标准的方式实现目标。这些标准可以是关于安全、生产力、质量、速度或精度的重要标准，也可以是关于个人幸福感、成就感、发展等的重要标准。为了维持组织绩效，组织或者更确切地说是组织的管理层，必须能够对活动进行统一协调，确保有足够的资源能够支撑工作的有效进行，并解决个人和群体之间可能存在的目标冲突和优先事项。

组织是异质的而不是同质的，因为人们被分配或承担着不同的角色和责任。这意味着，除此之外，组织的一部分有责任管理另一部分的工作，在某些情况下也有责任管理自己。管理的主要目的是统一协调组织所做的努力，或者严格地说是组织中每个人的努力（包括或排除管理层本身），以便有效且高效地实现组织目标和目的。

3.1 工作的应然状态和实然状态

对任何一个管理人员来说，都有一个核心问题：什么决定了他人的行为。该问题在以下场景下非常重要：在计划员工应该做什么可以促使工作成功（产生预期的结果）时；在考虑工作实际的情况下，管理员工在开展工作时所做的事情时；在分析结果时，特别是在结果不可接受和/或出乎意料的情况下。对他人应该做什么的假设或期望被称为工作的应然状态（WAI），而人们实际做的工作则被称为工作的实然状态（WAD）。在工作计划、工作管理和工作分析中，参考假设或期望状态的描述总是必要的。这种情况如图 3.1 所示。

18

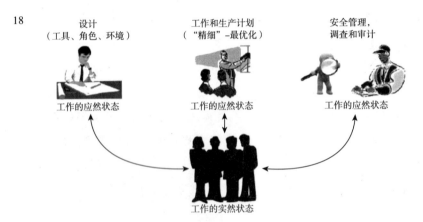

图 3.1 工作的应然状态和实然状态

"应然"一词并不是在不确定或消极意义上的应用，而是单纯地认识到，我们对于工作的描述永远不会完全对应于实际中进行的工作，即实际上已经完成的工作。即便为了使工作能够尽可能地有规律并且可预测，（我们）对工作和工作条件标准化已经做出了重大努力，但总会存在一些差异，其中大多数差异很小，但有些差异也会很大。由于对实际工作的管理显然要以实际发生的事情作为参考，而不是我们假设正在发生的事情（或我们希望将要发生或相信已经发生的事情），面向工作的管理，尤其是面向组织的管理，必须基于一种尽可能真实准确的描述或表现形式，也可以说是一种模型。

　　因此，有效管理的一个条件是，管理者能够正确地预测他们所管理的人员的行为方式。不管这种关系是一对一的师徒关系，还是一小群人、一个部门或单位、一个分公司、一个公司或一个跨国企业的管理中的多对多关系。无论目的或目标是安全（减少伤害，如安全-Ⅰ）、准时（减少延误）、效率（减少浪费）、质量（降低不精确率）、生产率（减少停工时间，降低单位生产成本）、客户满意度或其他方面。为了使这种预测比随机猜测更好，有必要建立一个模型或者对人们工作行为的动机进行系统性描述，而后者可能会更科学。

3.2　个人或组织的"行为机制"

　　古往今来的哲学家和经济学家，以及刚加入的来自行为学和组织学的科学家，已经认识到理解人们工作行为的驱动因素的必要性。答案是多种多样的，而且不可避免地反映了当时的主流思想。撇开哲学和经济学不谈，并且将讨论仅限于 20 世纪左右，这场争论最初是关于"人的本性属性"、个人动机或"行为机制"、是什么使人"行动起来"的争论，但后来又扩大到讨论周围环境的影响尤其是来自组织的（影响）。

　　在诸多讨论中，一个著名的，且经常受人质疑的例子是泰勒（F. W. Taylor）在 20 世纪第一个 10 年提出的科学管理原理（Taylor，1911）。其出发点是如何以最好的方法提高人们，例如，砌砖工人、铁场工人和人工检查的生产率。泰勒认为，与其让人们尽可能地努力工作，不如优化工作方式。因此，科学管理在某种程度上引入了 WAD 的思想，尽管其目的是利用这一点来规定一种最佳的工作方式（WAI），然后改变 WAD 来实现这一目标。改变 WAD 的步骤很简单：

●确定执行特定任务的最有效方式，根据能力和动机将员工与其工作相匹配，并培训员工以最高效率工作。

●持续监测绩效，确保人们使用最有效的工作方式，避免磨洋工（游手好闲）。这就意味着管理者和员工之间工作性质的明确区分和分配。事实上，与之前的管理方法相比，科学管理需要更大的管理者与工人的数量之比。

科学管理理所当然地认为，人们的动机是获得金钱，于是产生了"所劳即所得"的想法，这种想法到现在仍然伴随着我们。科学管理作为一种关于工作和人的代表性工程观点，可以将其视为减少浪费的思想先驱，这种思想在 20 年后变得流行，并一直流传至今。从沃特·休哈特（Walter Shewhart，1931）为他自己所写的书的序言中可以清楚地看出，该书为质量控制提供了基础，他宣称，"工业的目标是建立满足人类需求的经济方法，并以此尽可能减少人力在日常工作中的需要"。尽管有这种热情，这个工程观点在当时并不是没有受到质疑，仍然是一个有争议的话题。另一种选择，当然是以人而不是工作为出发点的人本主义方法。最主要的例子是需求层次理论（Maslow，1943）。其中心思想是，人们需要尽可能充分地实现自我。因此，该理论的重点是行为良好的个人，甚至是模范人物，而不是从事体力劳动的人。但是马斯洛的思想也影响了人们对员工行为的理解，他关于自我实现的思想甚至成了一种特殊的优心管理理论的基础（Maslow，1965）。

20 马斯洛认为，人们的行为是由他们的需求，从基本需求到自我实现的需求驱动的。需求被描述为一个等级结构，通常表现为一个金字塔，生理需求在底部，自我实现的需求在顶部。在这两者之间是安全上的需求、感情上的需求以及尊重的需求。根据这一理论，一个人在追求更高层次的需求之前，必须先满足基本需求。追求更高层次的需求，就需要持续满足其低层次的需求，这意味着一个人必须能够同时满足多种需求。这对工作管理的影响是确保满足较低层次的需求，以便于满足较高层次的需求。与泰勒不同的是，尽管"所劳即所得"对于人们专注于自己的工作仍然是必要的，但是金钱并不是人们的主要动机。让人们"行动起来"的是自我实现的需求，而工作管理必须确保这种需求得到满足的可能性。

将泰勒的工程思想和马斯洛的人本主义思想合并到一起的是道格拉斯·麦格雷戈（Douglas McGregor，1960），他提出了两种理论，即"X 理论"和"Y 理论"，它们代表了员工激励的对比模型。根据"X 理论"，人们天生缺乏动力，不喜欢工作。这鼓励了一种积极干预以完成任务的专制管理风格的出现。管理层必须追踪所有行为，并根据行为结果对责任人进行奖励或惩罚。这种管理方式的一个缺陷是，它限制了员工的潜能，阻碍了创造性思维。"Y 理论"认为，人们享受体力和脑力劳动，并有能力以创造性的方式解决问题。根据"Y 理论"，如果管理只基于标准、规则和限制，人们的才能就会被浪费。相反，管理者应该通过道德、创造力、自发性、解决问题、减少（或最小化）偏见的影响和接受事实来创造最佳的工作环境。

"X 理论"和"Y 理论"的意图在于描述管理者可能对员工行为动机持有的两种理念，但并不意味着其中一种优于另一种。"Y 理论"指出了当前社会技术系统对工作的理解。但是，如今仍然可以寻到"X 理论"的痕迹，例如，在零事故文化的理念中，甚至在安全-I 的观点中仍蕴含"X 理论"的踪影。

3.3　从个人表现到文化

然而，理解人们的行为表现，需要的不仅仅是关于个人的理论。人们的行为表现还取决于其周围环境，以及需求、期望、规范和价值观的影响，换句话说，个人的行为表现受组织的影响。尽管有许多关于人类本质的理论，从人类作为刺激-反应机制（行为主义）到人类作为信息处理者（人类信息处理），但事实仍然是，人们做什么既取决于他们所处的社会和组织环境，也取决于他们的思维和感觉。人们不会根据他们所能看到的、实际存在的以及他们被教导的去行动。他们根据自己的感知、注意力和记忆来行动。但是他们所感知的、他们所关注的、他们所记住的都基于多重要素，有时是相互冲突的兴趣和动机，很少与理想中的理性决策相一致。人们的行为反映了他们对形势的理解，反映了他们对"世界"如何运作所做的社会条件假设（模型、因果关系），反映了他们的时间观念，反映了他们的关注点（个人和他人以及社会）、情境压力，以及许多其他事情。

通常情况下，由于倾向于使用单一原因解释（参见本章后续内容中的整体性解释）和简化的演绎推理，我们用文化或组织文化来解释人的行为表现。其早期的表达方式之一是"团队精神"，即军队中的士兵具有强烈的团队精神、责任感和献身事业的精神。这个"团队精神"是拿破仑军团的一个重要特征，但在罗马军团的军事文化中甚至更早的斯巴达军队中也可以找到类似的东西。从心理学角度来说，团队精神可以被看作一种共同愿望（anspruchsniveau）的表达或可接受表现的标准（Chapman and Volkman，1939）。尽管愿望的高低通常被视为个人特征，但它显然依赖于个人所假设的周围人的期望或组织的需求。

个人信念与组织环境信念之间的依赖性在基辛（Keesing，1974）对文化理论的批判性人类学分析中也发挥了重要作用。文化被定义为将人类社会与其生态环境联系起来的（社会传播的行为）模式体系（Keesing，1974：75）。换言之，文化代表着在一般和特定条件下，人们的行为模式以及动作行为的共识。这些

"行为模式"是基于"他的同伴所知、所信、所指的理论，以及他所遵循的理论……"（Keesing，1974：89）。组织被视为一个不同文化的载体，或指导其成员态度和行动的共同价值观、信仰和行为标准的集合。

人类学对文化的思考，以及早期的社会心理学对文化的思考，都集中在文化的价值或实用性上，而没有把文化本身当作一个主题。组织文化概念的使用始于 20 世纪 70 年代末的管理和组织研究，20 世纪 80 年代开始普遍使用，一直到 1986 年针对切尔诺贝利事故提出安全文化概念后，这一概念得到了极大的推动。在对高可靠性组织（HRO）的研究中，人们注意到，文化"创造了一组同质的假设和决策前提，当以局部和分散的原因援引这些假设和决策前提时，它们保持了协调和集中性。最重要的是，当通过决策前提和假设产生集中化以后，在没有监督的情况下也会实现遵从性"（Weick，1987）。

心理学家埃德加·沙因（Edgar Schein，1990）将组织文化最终定义为"……（a）一种共同的基本假设模式，（b）由特定群体发明、发现或发展，（c）伴随组织处理外部适应和内部整合的问题时产生，（d）已经能够充分地运作从而被认为是有效的，因此（e）将被传授给新成员，作为对这些问题进行正确感知、思考和感受的方式"。基于组织文化可见性的难易程度，对于观察者而言，沙因模型提出了组织文化的三个不同层次。一是表面的物质文化，其中包括组织中有形的、公开的或用言辞可识别的要素，例如建筑、家具、着装规范等。即使不属于此文化中的人也可以识别表面的物质文化。二是所拥护的价值观，如人格、目标、政策和行为规则。（最具争议的例子可能是"安全第一"。）一个组织的成员用他们所拥护的组织价值观来表征自己和他人，因此这些价值观也表达了他们和其他人希望成为的样子。最后一个层次由共同的基本假设构成，这些假设被认为是理所当然的，通常是无意识的（或无形的），并且在某种意义上构成了文化的本质。通常从组织外部比从组织内部更容易注意到共同的基本假设。

显然，实际工作中的文化必须包括个人对安全的态度，以及共同的态度和共同的理解，包括创造和支持这些态度的组织结构和资源。这里棘手的问题是，文化的改变是否会改变人们的行为表现，或者这个问题是否会反过来。如果我们认为决定人们行为的主要因素是安全文化或组织文化，那么文化是自变量，而行为表现是因变量。但是我们也可以从另一个方向来考虑，那就是文化受人们行为的影响，文化主要是行为表现的综合或抽象。这一讨论将在第七章继续。

文化作为后缀

"文化"一词在很多方面被使用和误用。经常很方便地用它来命名某些对组织表现很重要的事物，通常但不完全是安全，但一般是某种还不能完全理解的东西。这可以从许多用"文化"作为后缀的方式中看出来，例如，安全文化的不同子形态。

23

- 安全文化：在工作场所管理安全的方式，通常描述为"员工在安全方面的态度、信念、看法和价值观"，或者简单地说是"我们这里的安全措施"。当然，这就引出了一个问题，它是什么类型的安全。
- 报告文化：愿意编制、收集和分析有关事故和意外事件的报告，以及有关可能对组织构成风险的报告。
- 公正文化：一线操作人员和其他人员不因与其经验和培训相符的行为、遗漏或决定而受到惩罚，但重大遗漏、故意违规和破坏性行为是不被容忍的。
- 学习文化：鼓励员工和组织学习知识和能力的组织惯

例、价值观、实践和过程。

　　● 安保文化：一个团体的共同习俗，有助于将团体活动遭到暗中破坏或被蓄意毁坏的风险降到最低。

　　以上这些，以及还可能有其他的例子，可以说明，虽然将文化作为后缀用来解释很简单，但是这仅起到给某物命名的作用，而没有对其进行解释。弥补这种稍微尴尬事实的一种方法是对这种文化进行测量，因为测量"显然"证明了所测对象确实存在。人类似乎有一种永不满足的需求，需要测量一些东西，以证明他们理解它，并能控制它。这反映了开尔文勋爵（Lord Kelvin）的名言"测量就是知道"。测量当然有助于减少未知事物带来的令人恐惧的不舒适感，不知道什么是安全文化（因为它已经成为安全管理的必要条件）是令人不舒服的。但对安全文化的测量，更糟糕的是，对安全文化水平的测量，并不能使安全文化成为现实，也不能证明它的存在。

　　偏爱简单且单一的解决方案，如安全文化，很显然是错误的，并且也不会达到目标。由于缺乏一个更好的术语，组织文化无疑是决定绩效的一个重要因素，但它并不是唯一的因素。事实上，正如沙因的理论所指出的，组织文化有几个方面，有些是可见的（因此容易改变），有些则不那么明显，因此，更难甚至不可能改变。

3.4　韧性潜能

　　很明显，一个组织在某种基本意义上的绩效与组织中的人的绩效是分不开的。这适用于绩效的各个方面，因此也适用于韧性 24 表现。但也很明显，多个因素决定了一个组织和其中人员的表现。这些因素不仅仅是外在环境条件（简单且不可协商的标准，

时间和位移的研究）；也不仅仅是内在的或心理的因素，或是自
我实现或其他什么；也不只是认知因素，为理性或简单的享乐主
义而努力。

韧性工程从一开始就采用了功能性的观点，着眼于一个组织
做什么，而不是它是什么。鉴于安全管理和安全文化，在某种意
义上也包括高可靠性组织（HRO）理论，是通过研究出错的事情
以证明它们的存在，或换言之，从安全-Ⅰ的角度来证明它们的存
在，而韧性工程关注的是一个组织如何表现，以及该表现是否有
助于系统的持续存在，使其能够在预期和意外的情形下同样履行
其职能。一个组织可以通过以下几种方式生存：维持或维护现有
的运作；增长或扩展现有的运作（如市场增长）；或通过改变和
发展，使其能够以新的方式运作，如在保持名称和品牌的同时占
据全新业务领域的公司。韧性工程着眼于一个组织所做的一切，
着眼于它在大范围（结果）内的运作，而不仅仅是着眼于问题。
安全既不是唯一的问题，也不是首要的问题，而是几个问题中的
一个。

在上面提及的文化作为后缀的列表中，没有韧性文化（或关
于韧性的文化）的说明，尽管该术语的使用频率越来越高。然而
很明显的是，理解一个组织为什么能够以一种有韧性的方式运作
是很重要的，但解决方案不是寻找或假设一种韧性文化的存在。
为了找到答案，有必要更仔细地研究是什么能够使一个组织以某
种方式运作。韧性工程提出以下四种潜能最为重要：响应、监
测、学习和预测。因此，像"韧性文化"这样的标签能够有意义
的唯一渠道，就是作为对这些潜能在日常实践中所起的作用进行
参考。不过，最好避免使用标签。

3.5 插曲：论整体性解释

对于单一且简单性解释的偏好在人们努力解释周围发生的事件时无处不在，尤其是当善意的行为导致意想不到的结果时。可以在所有的活动领域中找到整体性解释的踪影，政治、伦理、法律、生物学、历史、金融，当然工业安全也在其中。后来，将安全思想划分为三个时代，它们分别被称为技术时代、人为因素时代和安全管理时代，更加令人信服地说明了这一点（Hale and Hovden，1998）。该分类方式的亮点在于，在每个时代，都有单一的解释或致因（这三个时代依次对应技术故障、"人为错误"和安全文化）为解决一系列问题提供方案。这种多对一的解决方案显然很有吸引力，因为它使解释所发生的事情以及与他人进行交流变得更容易。虽然在很多情况下其实用价值有限，但其情感价值和让人安心的能力是无可争辩的。对这种性质的解释可以称为整体性解释，因为它们依赖于单一的概念或因素。整体性解释如此普遍并不奇怪，因为它和用来描述人类思维方式的语言相一致。我们谈论的是一条（单一）思路或一条（单一）推理路线。事实上，推理的理想状态是逻辑思维，而它是严格线性的。

整体性解释可以被视为一种社会惯例的代表，因此本质上是一种社会结构。它们也可以被视为一种效率和考虑周全的权衡形式（Hollnagel，2009a）。整体性解释的使用效率高，应用速度快，几乎不需要认知或精神上的努力，但缺乏彻底性和精确性。这迟早会表现为无法实际改善现有状况，尽管看起来整体性解释似乎已经解决了这一问题。当然，整体性解释也是输入信息过载问题的最终解决方案（Miller，1960），因为它将分歧的类别减少到只有一个。

　　安全和安全管理的常用方法都有大量的整体性解释。除了"人为错误"和安全文化外，最常用的例子是态势感知、复杂适应系统，不幸的是，还有韧性。它们都具有直觉上重要的特质，因此，它们的有效性很少受到质疑。它们也类似于清晰的科学概念，因为它们出现在大量的科学文献中，并且由所谓的不可见的理论结构对其进行了令人印象深刻的解释。但事实上，它们只是"民间传说"或安全神话（Dekker and Hollnagel, 2004；Besnard and Hollnagel, 2012），它们也被认为是理所当然的，但其实并不是，也无法被证实。整体性解释通常单独使用，以提供问题的单一解决方案。解决方案中可能缺少或不存在某些东西，比如缺乏情境意识或缺乏安全文化，或者相反，解决方案中还存在某些东西，比如"人为错误"，或者情形或系统很复杂。在这两种情况下，简单的解决方案都会产生一个简单的响应，即要么提供缺失的东西，要么消除存在的东西。

第四章
韧性的潜能

管理工作的目标是确保以预期的频率、速度和可靠性出现可接受的结果，这也意味着，即便不能完全阻止，也可以使不可接受的结果的数量保持在实际可能的最小值。只有对一个组织的运作方式以及人们在工作中的表现，即什么决定了工作的实然状态（WAD）有一个正确合理的理解，才能做到这一点。该理解是努力取得某些预期成果的必要基础，同时，也降低非预期结果出现的可能性。

如第三章所述，人和组织的绩效取决于许多不同的因素，而这些因素无法合理地整合为一个单一的因素。韧性是某些表现的特征，最常说的是，一个组织可能具有表现出韧性的潜能。根据目前对韧性的定义，具有韧性的组织应该能够根据环境条件调整其表现，有能力应对变化、干扰和机会，且应对行动灵活、及时。此外，这些能力还应该在事情发生之前、期间和之后能够发挥作用。在这些定义的基础上，才可能提出一个组织应该具备的一些必要且充分的潜能，以便于该组织的运行具有韧性。由于大多数组织（如果不是所有组织）有可能表现出韧性，韧性潜能必须独立于任何特定领域。（韧性表现当然也适用于个人，尽管这不是本书的主要关注点。）韧性工程认为，韧性表现需要以下四种潜能（Hollnagel，2009b）。

●响应。通过激活准备好的措施，通过调整当前的运作模式，或通过提出或创造新的做事方式，知道该做什么或能够对定期和不定期的变化、干扰和机会作出反应。

●监测。知道应该寻找什么，或者能够监测那些影响或可能影响组织近期表现的因素，包括积极的或消极的因素。（在实际生活中，这表示在持续运作的时间段内，例如飞机的飞行期间或作业程序的当前阶段。）监测要素必须覆盖组织自身的表现及其在运作环境下的动态行为。

●学习。掌握所发生的状况或能够从经验中进行学习，特别是从正确的经验中吸取正确的教训。学习方面的潜能包括针对特定经验的单循环学习①，以及用于修订目的或目标的双循环学习②。另外，还包括对一些量化值或标准进行调整，以便于作业活动适应于当前环境。

●预测。知道预期的具体内容或能够预测未来的进一步发展，例如潜在的干扰、新的需求或限制、新的机会或不断变化的作业环境条件。

很容易对这四种潜能的必要性进行解释。如果我们依次观察每一种潜能就会发现，一个组织如果在发生某些事件时无法做出响应，可能在短期内，要么肯定是在长期内，它注定要失败。这甚至适用于那些"大而不能倒"的组织。同样的论点也适用于监测方面的潜能。对于一个无法监测事态发展的组织而言，每一种情形都将是出乎意料的。但是，将每一种情形都视为意外既不符合人们的预期，也不是一个组织持续发展应有的条件。学习方面的潜能也具有必要性，不然的话，一个组织将仅限于事件出现时

① 指组织为求在环境中生存所产生的行为适应，只是致力于当前问题的解决，使其能符合既有的组织规范和假定，而不寻求组织规范和假定的改变。——译者注

② 指组织允许其成员在学习过程中对既有的组织规范及假定进行检视与提出质疑，并通过公开的对话达成创意性的共识，因而可通过体验与回馈重新评估既有的组织规范和假定，进而改变其组织文化。——译者注

做出的响应，而无法对这些响应进行改变或优化。但是，除非作业环境完全稳定（没有一种环境可以长期不变），否则组织做出的响应必定会随着时间的推移而改变和发展，这就意味着学习非常有必要。学习必须有助于加强或强化那些行之有效的响应，改变或调整那些不奏效的响应。（没有学习，监测也将受到与响应同样的限制。）最后，之所以需要预测方面的潜能，是因为一个组织必须关注那些潜在可能发生的事件，即使它们还没有发生。当建立一个组织时，正如要设计和构建一个社会技术系统时，显然需要预测方面的潜能。但是，系统在实际运行期间，也同样需要预测方面的潜能，因为系统的运营环境将会不可避免地发生变化。就复杂的社会技术系统而言，这主要是因为系统的运营环境还包括了其他一些不断发展和变化的组织。简而言之，一个没有响应、监测、学习和预测潜能的组织将成为意外事件尤其是负面的意外事件及其后果的受害者。如果没有响应的潜能，它就必须被动地承受"命运之箭"。如果没有监测的潜能，那么每种需要进行响应的情形都将会变成意外事件，因为不存在预警。如果没有学习的潜能，监测会一直专注于相同的标记和信号，而且响应也会一成不变。最后，如果没有预测方面的潜能，一个组织所做 28 的一切都将受到短期目标和优先事项的制约。虽然这可能在一段时间内不会有问题，但是，展望未来、考虑或设想未来发展的潜能确实是一种竞争（和进化）优势。

还有两个问题有待回答。第一个问题是这里提到的四种潜能（响应、监测、学习和预测）是否足够或者是否还需要其他潜能。这一问题将在本章结束时，在对四种潜能及其特征进行详细阐述之后再具体讨论。第二个问题是这四种潜能是否相互独立。对于这个问题，答案毫无疑问是否定的，在最初的表述中也对其进行了明确说明。然而，这四种潜能之间的关系对它们本身的定位也很重要，因此将在单独一章（第六章）中加以说明。

4.1 响应潜能

当事件发生时，很少有组织（以此类推也几乎没有人）会无动于衷。可能不需要对发生的所有事件都进行响应，但发生的很多事件会超过要求进行响应的阈值。这一点适用于我们在地球上的所有活动，包括我们的行走和交通秩序的维护；在这种情况下，一种重要的响应措施是避免潜在的冲突或碰撞，或克服途中预料之外的障碍，或绕过该障碍。在我们工作期间发生意外情形时，就会出现这种状况，可能是负面的，如威胁，也可能是正面的，如机会。一般来说，发生意料之外的事件时，就会面临这种状况，或者发生的事件在意料之中，但不响应的结果（价值）不如响应的结果具有吸引力时，也会面临这种状况。下面的例子说明了有能力进行响应的重要性。

2015 年埃博拉危机

在 2014 年暴发并持续到 2015 年的埃博拉疫情中，超过11000 人死于埃博拉病毒。自 1976 年发现埃博拉病毒以来，受害者人数增加了 5 倍。这其中一个因素是，受埃博拉影响最严重的几个国家，几内亚、利比里亚和塞拉利昂无法发现、报告和迅速应对疫情。而使情况变得更糟糕的是，世界卫生组织（WHO）应对大规模流行病的历史经验欠佳。2003 年，人们对"非典"发出了警报，但"非典"并没有成为预期的大规模流行病。2009年，人们再次对 H1N1 病毒发出了警报，并研发制作了大量疫苗（事实证明，这是不必要的），导致了巨额开支。世界卫生组织在宣布埃博拉疫情为国际公共卫生紧急事件时再次反应延误，甚至是在接到疫情通知的 5 个月后才作出反应（Moon et al., 2015）。

29　　世界卫生组织总干事在事后公开承认，世界卫生组织本可以作出更有力的反应措施。总干事还承诺将对世界卫生组织进行根本性改革，例如为突发卫生事件制定一个新的方案。

塔吉特公司（Target）色情片事件

2015 年 10 月 15 日，在美国塔吉特超市购物的人们突然听到扩音器里传来令人惊讶的声音。而这声音并不是预期中的广播公告，而是一部色情电影的清晰音频，并且被播放了 15 分钟之久。这不是一个突发的单独事件，据当地媒体报道，自 2015 年 4 月以来，至少已经发生了 4 次。

此次事件是非法入侵者利用超市广播系统的漏洞引发的。事件发生后，人们意识到外部呼叫方可以通过请求连接到某个分机来有效地控制内部通信系统。有趣的是，在这种情况下，超市的工作人员并不知道应该如何反应，因此无法阻止不需要的"公告"。

4.2　响应潜能的特征

响应潜能不是简单的下意识反应，而是一件非常复杂的事情。以下部分描述了与响应潜能相关的一些主要考虑因素，为此也介绍了如何建立和保持这种潜能的一些主要考虑因素。

主要问题显然是什么时候响应以及如何响应。当将响应视为一个函数时，必须存在某种触发或激活响应的条件或输入。

输入可以是情形的变化，也可以是突然发生的事件打扰或中断正在进行的活动。例如，新的命令、意外的请求、方向（目标）的改变或运作条件的改变，例如温布尔登网球比赛中突然下雨。输入也可以是组织内部的变化，例如监测的输出（警报）。

人们很自然地要考虑触发响应的条件，但考虑响应活动应何时中断或停止也很重要。重要的是，响应活动既不能在预期结果生效之前过早停止，也不能在持续行动无效时太晚停止。虽然触发信号必须在"响应"外部，但做出停止或规则失效的决定很可能是在"响应"内部，即执行响应行动的一部分，例如，是过程中的一个步骤。从这个意义上说，响应包括对响应发生的条件或情形的监测，以确定是否达到了预期的响应效果。

响应的主要后果或结果当然是响应本身。响应可以是已经计划和准备好的，也可以是根据情形临时形成的。考虑可能发生的
30 事件并准备适当的应对措施总是有好处的，但也存在局限性。对于经常发生的事件或情形，准备一个响应方案可能具有成本效益，但对于不规律或不经常发生的事件或情形，则无法依据现实条件准备响应方案，而不得不当事件发生以后再制定相应的响应方案。尽管这可能导致响应的延迟，但从经济上来说延迟通常是可以接受的。

在公布响应方案、开始行动之前，可能要满足一些条件。例如，可能需要请求并获得适当授权。派珀·阿尔法（Piper Alpha）油气平台事故就是一个可悲的例子：事故发生时邻近的一个平台仍然在泵油，因为管理人员没有关闭它的权限，制定该工作程序的原因是关闭行为会产生巨额成本。请求和接受授权的过程可能会对响应时间产生不利影响。在其他情况下，触发条件、警报或指令（或许可）可能需要澄清或进行确认。在许多作业情形下，例如空中交通管理，对此都有明确规定。

还有一个必要条件是：作业人员就位无误、无关人员远离危险区域、时间安排无误（尽管可能会特殊考虑），等等。一般来说，组织必须处于准备就绪状态，或处于可以开始响应的状态。一个很好的例子是对诸如大地震、滑坡和其他自然灾害等紧急情况的响应。条件可能是显而易见的，并且响应的性质是已知的，但是在满足某些其他条件，例如物资、团队、运输和通信的准备就绪之前，响应不能启动。

当启动响应时，可能需要有特定资源。这些资源可以笼统地

描述为工具、工作人员和物资，也可以详细地描述为具体的应对措施和具体情况。有能力的人员显然（通常）是一种重要的资源。用一种工具代替另一种工具或者凑合使用其他材料，比勉强使用不具备所需能力的工具更容易。物资也是至关重要的，例如，在扑灭森林火灾时，在火灾得到成功控制之前，人和物资（包括水或化学物质等琐碎的东西）被耗尽的情况并不罕见。

通常情况下，必须对响应执行过程进行管理。响应很少是单一的、直接导向目标的动作或活动，即启动之后不需要进行干预就会自动处理。响应通常是复合的或聚合的，可能包含几个不同的步骤或阶段，并在长时间内运行。为了管理或控制这些问题，可能需要一些程序和计划来规定需要做些什么。例如，在许多工业和运输活动、应急计划、疏散计划等行动中都可以找到应急操作程序。在进行响应的同时，组织可能还需要保持一定程度的正常运作，即使是在紧急或异常运作期间。尽管可接受的运行（表现）标准可能会进 31 行修改，但常规需求仍然存在，必须加以解决。

最后，响应的时机至关重要。响应开始的时机既不要太早也不要太迟，同样重要的是结束时机也不要太早或太迟。在第一种情况下，可能无法达到预期的结果，而在第二种情况下，可能浪费宝贵的资源。响应的时机或同步性也是至关重要的，特别是在不寻常的情况下或其他考虑因素起作用时。

4.3　监测潜能

除非一个组织能够灵活地监测运营环境（组织外部）发生的事情和组织内部发生的事情（其自身的表现），否则不可能体现出韧性。监测提高了组织应对近期可能发生的事件（威胁和机会都有可能）的能力。

当某些事件发生时，或出现个别确定无疑的事件或变化时，作出响应并不太难。至少不难知道发生了什么事情，并因此有必要做些什么。但是如果在事件发生后再作出响应，响应行动可能会不足和太迟。如果一种情况以不可逆转的方式发展，后期响应必须不同于早期响应，并且可能比早期响应更强烈（代价高昂，持续时间更长）。为了实施有效的管理，无论是什么过程或活动，即使是微小的变化也要对其进行响应；注意并认识到那些可能太小而不能代表真正的变化但可能产生严重后果的趋势和倾向。换言之，有效的监测必须是积极主动的，它必须能够意识到即将发生的情形并能利用领先指标。

虽然所有组织都认识到，响应潜能很重要，但同样的情形并不适用于监测潜能。在某些情形下，组织可能有理由认为监测潜能没有什么价值。环境领域中存在的系统就是这种情况，它们要么很少发生变化（如地质稳定环境），要么以高度规律性和可预测的方式发生变化，要么发生变化的结果非常小，以至于可以放心地忽略它们（基本上，这些系统要么是分离的，或处于耦合非常松散的状态）。下面一些例子说明了监测潜能的重要性。

普拉德霍湾漏油事件

2006 年 3 月 2 日，在阿拉斯加普拉德霍湾西部，隶属于英国石油公司阿拉斯加勘探公司（BPXA）的一条输油管道发生泄漏，并持续了 5 天时间，多达 212000 加仑（约 5000 桶）的石油泄漏到 1.9 英亩的土地上。溢油来自直径 86 厘米的管道中一个 0.64 厘米的漏洞。事后检查表明，腐蚀导致管道壁厚减少了 70%以上。

管道的腐蚀是一个很好理解的过程，而且腐蚀程度也可以被监测。可用来与前者进行对比的是由美国阿拉斯加管道服务公司（Alyeska pipeline）运营的一条管道，其监测方式为：每 2 周使用一个刮刀清管器；每 3 年使用一个检查腐蚀情况的"智能清管器"；检查员每周飞越管道进行目视检查；每 3 个月以驱车的方式进行一次目视检查；最后是每年都会沿着全长 1287 千米的管道行走并进行人工手动检查。

与美国阿拉斯加管道服务公司形成鲜明对比的是，英国石油公司阿拉斯加勘探公司几乎没有对管道腐蚀问题进行监测。该公司假定腐蚀风险较低，因此认为不用进行清管。事实上，这两条管道已经分别有 8 年和 14 年没有进行清管了。而该公司进行监测的方法是对卡在管道中的金属试样进行腐蚀抽查，并辅以外部超声波抽查。因此，该公司并不知道输油管道的实际情况，只是简单地假设它是正常的。

在普拉德霍湾漏油事件后的国会听证会上，英国石油公司阿拉斯加勘探公司总裁表示，该公司相信其腐蚀控制计划已经足够充分，"我们一直致力于去了解输油管线的实际状况。……显然，现在回想起来，我们遗漏了一些事。"

测量通货膨胀的消费者物价指数

世界各国政府的共同目标是确保本国经济健康，特别是控制通货膨胀。对通货膨胀的关注是有依据的，20 世纪通货膨胀失控就是其中一个例子，极端情况下会导致恶性通货膨胀的出现。更实际地说，各国政府之所以希望保持低通胀，是为了减少在各种生活成本调整方面的支出。为了做到这一点，必须能够监测到通货膨胀。

通货膨胀的一个常用指标是消费者物价指数（CPI）。消费者物价指数是基于定期收集价格的代表性项目样本的统计估计。CPI 之所以方便，是因为它是一个单一的数字，而且可以对其进行定期（如每月）测量和报告，但是它有几个严重的缺点。问题之一是，CPI 混合了不同的项目，从食品和其他消耗品到汽车和房屋等主要项目的支出。这些物品中，有一些显然是每天购买并迅速消费的，而另一些只是较少或很少购买，并且使用时间很长。另一个问题是，CPI 假定了一组不变的购买习惯，而没有考虑到这些习惯会如何随着时间的推移而改变，并相比国家经济，更容易受到地缘政治事件波动的影响。构成 CPI 的各个项目具有

33 不同的权重或重要性级别。确定这些权重，并进一步确定根据实际情况来改变权重的频率，是很困难的并且有时也存在争议。

最后，即使 CPI 被普遍接受为测量通货膨胀的"真实"指标，但在应对措施、如何最好地控制通胀等问题上，各方并没有达成一致。有些国家依赖货币政策，有些依赖工资和价格控制，有些依赖货币贬值。

4.4　监测潜能的特征

监测的目的是关注运营环境和组织本身发生的状况。大多数组织监测它们周围发生的事件，因为它们需要维持自己的生存，也可以说，在它们的运营环境中生存。如前所述，监测的最合理和最简单的理由就是，如果没有监测，那么发生的一切都将会出人意料。从长远角度来看，这对一个组织而言，显然不利于其持续存在，甚至在短期内对组织也极为不利。在实践中，一个组织应该为可能发生的事件尽可能做好准备，而这就需要监测。

虽然有必要对运营环境、组织外部发生的事件进行监测，但这还不够。还必须监测组织自身的状况，关注内部发生的情况。缺乏对组织内部情况的了解，以及不了解组织的状态或准备状况，将妨碍响应潜能的发挥。然而，对内部发生的事件的了解往往被忽视或视为不相关。一个著名的（负面的）例子是欧洲空中客车公司（Airbus）忽略了其 A380 型飞机的电子线路问题。2006 年 6 月 13 日，空中客车公司承认，A380 型飞机生产中的"瓶颈"问题将迫使其推迟 7 个月交付给客户。这家公司的联合主席

说，直到公司宣布这一消息时，他才知道 A380 型飞机存在的生产问题。在 6 月 19 日的一次会议上，根据一份新闻稿，"管理层讨论了我们在 A380 型飞机上面临的问题，以及公司的结构变化如何有助于防止此类问题在未来发生"。换言之，可以发现该公司没有进行监测，没有应急计划，也没有准备好应对措施，也没有对此进行研究。

无论是外部监测还是内部监测，都基于指标或趋势。指标（来自拉丁语单词 indic，意思是"指出来"）是一个信号、一个符号或一个象征，表示某物的当前值、大小或方向。趋势是一段时间内事件发展变化的总体趋势，例如某个值正在增长或减少。指标表示的是事物发展是否已经达到了一个临界值，变化趋势表示的是，如果潜在的发展继续以目前的方式进行，在（不久的）将来是否可以或将达到一个临界值。

监测的结果或输出不仅是（指标）具体值或具体趋势，还包括它们的具体解释。这可以采取警报或警戒的形式，前者是直接激活行动，而后者意味着可以开始准备响应，但并不是响应这个行为本身。不幸的是，目前的一个例子是，一个社会或一个国家 34 在被视为存在潜在威胁或某些事对组织的持续运行至关重要时，会对其事态发展进行高度戒备。监测的目的显然是要么触发响应，要么使一个组织从一种状态变为另一种状态，从"待命"变为"运行"。不幸但已发生的例子是，2016 年在欧洲几个国家首都发生的恐怖袭击或突然暴发的流行病，如寨卡病毒的出现。

与其他三种主要潜能（响应、学习和预测）不同，监测必须一直进行，尽管可能频率不同。当然，可能会出现需要加强监测力度的特别高警戒状态。一个简单的例子是监测有喷发危险的火山、监测财务状况不稳定的公司、加强对重症监护病人的监测，或在最后期限（出发时间）临近时监测时间。如这些例子所示，监测可能会在频率或监测指标方面发生变化，当然也可能同时发生变化。

监测往往需要特定的传感器、设备或技术，特别是涉及物理或生理过程时。监测可以在本地或远程进行；在远程情况下，通信技术和信号传输频道必不可少。在许多情况下，监测依赖于作为传感器或解释者的人，尤其是在关注社会或组织过程的情况下。例如，选举前的民意调查、商业组织的客户调查、用户反馈（几乎随处可见，现在甚至出现在许多公共厕所里），等等。

当然，监测必须要有重点。必须知道监测的对象或目标是什么，特别是为什么。后者至关重要，因为无法理解或解释的测量或指标是几乎没有价值或完全没有价值的，但它仍将消耗有限的资源，而这些资源本来可以在其他地方得到更好的利用。进行监测的方式、监测的频率、监测的重点（参数和值）、标准和阈值等，对监测有效或至少有效率而言，有着重要作用。通常而言，要基于在关键指标和安全作业阈值方面获取的经验教训对监测进行控制。

监测不仅必须是连续的，而且必须给予高度优先。当出现需要注意的紧急情况时，暂停监测是有风险的。事实上，有人可能会说，在这种情况下，监测会变得更加重要。而且必须有足够的时间来进行监测并且做好这项工作。当监测被视为没有什么价值时，其频率往往会降低。如果一次又一次的测量是相同的，一个组织可能会得出这样的结论：测量是多余的，因此会改变监测的频率。一个不幸的例子是阿拉斯加航空公司的 261 号航班于 2000 年 1 月 31 日在加利福尼亚州阿纳卡帕岛以北的太平洋海域坠毁，机上所有人员丧生。而可能的原因是水平稳定器配平系统升降舵螺丝杆组件的顶点螺母螺纹在飞行中发生故障，导致飞机失去俯仰控制。螺纹失效是阿拉斯加航空公司对升降舵螺丝杆组件的润滑不足所导致的过度磨损造成的。事故发生的原因是：（1）阿拉斯加航空公司延长了润滑时间间隔，并且美国联邦航空管理局（FAA）对此进行了批准，这增加了润滑缺失或不足导致顶点螺母螺纹过度磨损的可能性；（2）阿拉斯加航空公司延长了端隙检查时间间隔；（3）美国联邦航空管理局对此延长的批准，这使顶点螺母螺纹的过度磨损在没有检测机会的情况下发展为失效。

与监测相关的一个潜在风险是"过早行动"，在实际需要响应之前先发制人地响应。对某种发展的预期作出响应的优势在于情况可能偏离预期还不太远，因此，这时较小或较少的纠正就足够了。然而，可能存在的风险是，在根本不需要的时候做出了响应，或者响应是错误的，这两种响应都可能产生副作用。当然，若等到一切都确定之后，就可以稳妥行事，但有可能会付出相应的代价。这有可能滑向另一边，即响应过晚，因此可能需要付出更多的努力。

监测指标

对监测的讨论与对指标的讨论是分不开的。性能指标主要是为了解一个组织或一个过程的表现提供基础。为此，有理由区分三类性能指标：（1）滞后指标，指已发生的情况或过去的组织状态；（2）当前指标，指正在发生的情况或目前的组织状态；（3）领先指标，指可能发生的情况或未来可能发生的组织状态。

● 滞后指标是指过去为了监测或其他目的进行登记或收集的数据。在后一种情况下，它们当时未被识别或被用作指标。可以说，滞后指标是在事后用以了解发生了什么的性能指标。滞后指标还可能包括说明历史发展或记录趋势的汇总数据。滞后指标的例子包括事件统计、趋势等。滞后指标通常可合理地用在发生干扰后进行功能的调整。

● 当前指标显示了一个组织目前的状态，即"现在"；当前指标的例子包括生产率、资源或库存水平、一个部门的飞机数量、候诊室的病人数量、燃料储备、现金流等。对当

前指标进行监测并用来调整运营期间的性能表现，这也被称
为反馈（控制）。

● 领先指标当然不是对未来情况的实际测量，因为这从
实际上来说是不可能的。相反，领先指标是根据对当前和过
去状态的测量来解释未来可能发生的情况。通过这种方式，
该测量被用作预测，而不是作为状态或性能指标。领先指标
的例子包括对可用资源、安全关键部件的技术状态和可用时
间的综合解释。

领先指标代表了对未来可能的发展动态进行的解释，因此存
在着不可还原的不确定性。如果不确定性过高，警告或前哨事件
可能不会导致行动。海啸警报和地震警报之间的区别就是一个很
好的例子。在前一种情况下，指标的有效性已经确立，因此人们
和当局会根据要求作出响应。在后一种情况下，这些指标会有很
多种解释，因此人们和当局可能会选择忽略它们。（此外，如果
在不必要时采取行动，则会产生巨大成本，反之亦然。）

4.5 学习潜能

许多组织把学习视作明显不受重视的事情。但是，关于学习
有用性的论据很简单：没有学习，一个组织将受制于一组给定的
响应，同样地，该组织将始终监测相同的值和状态。在这两种情
况下，组织都将变得僵化，固守既定的工作方式，因此无法适应
不断变化的环境。事实上，即使是从响应威胁和干扰的方面来定
义韧性，也要明确，由于运营环境的变化，组织必须有能力对响
应进行修改，否则，其将无法应对新类型的威胁。

学习可以更正式地定义为组织修改或获取新知识、能力和技
能的方式。学习不是一蹴而就的，而是在先前知识的基础上逐步

发展和形成的。因此，把学习理解为一个主动的发展过程，比只是被动地收集事实和知识要更好。学习对个人、社会团体和组织都是必要的，学习的潜能对韧性表现至关重要。

响应的潜能和监测的潜能都取决于学习的潜能，除非在极少数情况下，运营环境是完全稳定和完全可预测的。有效并且系统地从经验中学习需要周密的规划和充足的资源。学习的有效性既取决于学习的基础，如应该考虑哪些事件或经验，也取决于如何 37 分析和理解这些事件。

在从经验中学习的过程中，重要的是把容易学的东西和有意义的东西分开。安全级别，或者更准确地说是安全-I 中的安全级别，通常是根据负面事件发生的次数或频率来表述的。但汇编大量的事故统计数据并不意味着任何人都能真正学到任何东西。计算事件发生的频率同样不是学习。例如，只知道发生了多少事故，却不能说明事故发生的原因，也不能说出事故没有发生的情况。如果不知道为什么会发生，也不知道为什么不会发生，就不可能提出提高安全的有效方法（不管是在安全-I 中还是在安全-II 中）。

传统上，安全管理实践优先考虑从负面的事件（事故和不安全事件）中学习，这既是因为它们吸引了人们的注意，也是它们本身就是人们关注的原因。根据这一逻辑，人们认为，一个事件越严重，从中吸取教训就越重要，而且也意味着还有更多东西需要学习。很容易证明这两种假设都是错误的，因为它们是基于情感和价值观，而不是基于证据。这些假设似乎也忽略了一个事实，即事件的严重性和频率之间存在明显的反比关系，由此可见严重事件（重大事故和灾难）非常罕见。因此，学习的机会很少（参见第一章中关于"从事故中学习"的讨论）。扩大学习的基础显然有助于学习，扩大到不仅包括较小的事故和未遂事故，而且还包括根本不属于事故的事件。由于包括未遂事故在内的进展顺利的事件数量比出现错误的事件数量多出几个数量级，尝试从具有代表性的事件中学习是很有意义的，而不仅仅是从根据结果的严重性而引起关注的事件中学习。

如果学习的重点在于经常发生的事件、日常工作和活动，那么学习必须持续进行，而不是只对一个单一的、严重的事件作出学习反应。在一个拥有良好"学习文化"的组织中，每个人都采用一种学习模式，并将其视为日常工作的自然组成部分。一个好的"学习文化"更多的是基于发现好的和坏的实践，并逐步吸收它们的结果，而不是基于对特定事件的有针对性的分析。它应该在广度优先而不是深度优先的基础上学习。

"鞍背"① 死亡学习回顾

对事故和事件的调查和回顾通常是根据安全-Ⅰ的观点，试图了解组织到底出了什么问题。事实上，对事件的回顾大多（如果不是唯一的话）受不利结果的驱动，因此这种回顾仅限于一些可能出了问题的事件，尽管从那些进展顺利的事情中可以学到很多甚至更多的东西。然而，"鞍背"死亡学习回顾却有所不同，因为它强调学习的重要性，而不仅仅是找出原因。

在发生在 2013 年 6 月 10 日的事件中，3 名消防员正在加利福尼亚州莫多克国家森林公园的南沃纳荒野内，围绕一棵被闪电击中的树搭设警戒线。17 时许，一根树枝从树上掉了下来，击中了 1 名消防员。另外 2 名消防员开始对其进行心肺复苏，并请求紧急撤离。直升机停留在距此 55 分钟飞行距离的地方，大约 18 时 19 分降落在事故地点。受伤的消防员被送往最近的医院，尽管对他进行了全力抢救，依然没有将他救活。

学习回顾很有趣，因为它有意避免以传统的事故报告方式得

---

① 鞍背意指在意外/事故突然发生时。——译者注

出结论。相反，回顾试图通过给读者提供信息，让他们"自己查明在'鞍背'上的决定和行动为什么对相关人员有意义"，从而"给读者探索、提问和学习的权利"。不过它还是提出了一些结论，尽管这些结论不同于通常的一系列原因和后果形成条件。通过对由消防员组成的八个团体进行座谈讨论，学习回顾小组得出结论，认为该事件的要素具有通用性（条件、决定和行动），因此可以视为正常工作。这一事件的独特之处不在于条件的数量和多样性，而在于它们是如何以出乎意料的方式结合在一起。

未能发现关联

2014 年 2 月 6 日，通用汽车公司（General Motors）召回了约80 万辆小型车。原因是，点火开关发生故障会使汽车在驾驶过程中发动机关闭，从而阻止气囊充气。汽车有时会在高速公路上、在密集的城市交通中以及在穿越铁轨时突然熄火。在接下来的几个月里，该公司持续召回更多的汽车，最终在全球范围内共召回近 3000 万辆小型车。

虽然很明显通用汽车公司对学习或者对报告的结果反应迟缓，但这个案例也指出了一个更有意义的、在某种意义上更严重的学习失败。在美国，交通安全由联邦安全监管机构——国家公路交通安全管理局（NHTSA）监管。美国国家公路交通安全管理局的官方任务是"拯救生命，防止伤害，减少与车辆相关的事故"。调查发现，自 2003 年 2 月以来，美国国家公路交通安全管理局平均每月收到 2 起有关通用汽车公司的汽车存在潜在危险性熄火的投诉，共收到 260 多起投诉，但监管机构多次回应称没有足够的证据能证明需要对此进行安全调查。出于某种原因，美国国家公路交通安全管理局未能在众多投诉中看到其中暗含的关联，未能察觉潜在威胁。也许更准确的说法是，它无法识别出数据中已经形成的关联模式，因此，这是一个"你所寻找的就是你所找到的（WYLFIWYF）"的典型案例。很显然，学习需要的不仅仅是对已知事物的认识。

就通用汽车公司本身而言，在对小型车进行召回之前，公司已经知道该故障至少存在 10 年。召回事件发生的起因是一位立场坚定的律师代理一名在车祸中丧生的女性的家人起诉了通用汽车公司。除了召回近 3000 万辆汽车之外，通用汽车公司还对 124 人的死亡进行了赔偿。

4.6　学习潜能的特征

学习的核心基础是已经做出的响应，包括成功的响应和失败的响应。学习的另一个重要来源是组织的经验，即组织如何随着时间的推移而发展，其表现如何等。学习的主要重点当然是干预（响应）与其后果之间的关联关系，或者更确切地说，是哪种手段对其相应目的是有效的。这里的一个关键问题是，预计这些响应的后果将在多长的时间内显现出来。有些可能是立即或快速的响应，而另一些可能需要很长时间，如改变程序、态度等。另一个问题是干预措施对结果的影响有多密切或"直接"。在某些情况下，可能存在一个不可或缺的因果关系（或至少是推断的因果关系）；在其他情况下，这些关联或联系可能不太明确，甚至可能是间接的。学习的结果，即"学到的教训"，也可以用许多不同的方式表达，并有许多不同的表现形式。可以是从重新设计设备和工具，到修订程序，到更改值勤名单和工作分配，再培训，修订目标和优先事项，修订指标和测量标准，甚至勇敢地尝试改变组织文化。

为了学习，需要满足以下几个条件。首先，是有能力的员工，这包括有能力的领导，因为学习基本上仍然是一项人类活动（而且在可预见的未来很可能会一直如此）。人们需要收集数据和信息，对其进行分析，得出结论，并制订如何将所吸取的教训最好地付诸实践的计划。学习可能还需要一些设备，特别是计算机类的设备。而且这肯定需要时间和资金，换句话说，组织必须优先考虑学习。

其次，是如何进行学习并对学习进行管控。这本质上是一个组织认为学习有多重要的问题。学习是作为日常生产中持续进行的、不可分割的一部分，还是在有明显或不可避免的需要时（通常意味着某些事情已经严重出错）才进行学习？如何开展学习也是一个问题，即是否有一个全面的学习战略，是否有必要的组织支持等。

最后，学习在很大程度上取决于时间，尤其是学习本身需要时间。分析经验并得出适当的结论只是学习的第一步。仅仅通过总结经验是学不到什么的。这些经验必须以某种方式转化为实践，必须找到确保对组织及其运作方式进行合理改变的方法。

还有一个时间维度的问题是，学习只能发生在已经进行了一段时间的响应以及响应结果变得明显的时候。然而响应的时刻和持续时间可能会有很大的变化。可以认为有些变化（响应）具有几乎即刻的效果（例如设备的变化），而另一些变化可能需要更长的时间才能显现出其影响，要么是因为变化需要时间，要么是因为必须等待类似的情况再次发生。

最坏的情况是，组织可能毫无收获。当组织主要关注短期生产力和效率时，就有可能出现这种情况，这会导致"一劳永逸"策略的出现。当人们面对一个问题时，是会努力立即予以解决并选择遗忘，还是立即予以解决并提交报告，还是努力予以解决、提交报告并试图从中吸取教训？予以解决并选择遗忘是一种短视的解决方案，只能在短期内解决紧迫的问题，例如在生产力和可操作性面临巨大外部压力时。如果从时间的角度看，并且方法是策略性的而不是机会主义性的话，那么"予以解决并报告"是另一种解决方案。予以解决并报告的方式默认有人会处理报告并从中学习。但这种希望并不总是现实的，即使进行了学习，也会脱离了实际发生的情况。因此，最好的解决方案是予以解决、报告并学习。只有后一种方案符合预防性的安全观。

学习的先决条件

从更理论或学术的角度来看，学习的产生必须满足三个条件。第一个条件是必须有学习机会。这意味着必须认识到一项活动的实际情况或实际结果与预期情况或预期结果相差甚远，因此有必要了解其原因以便采取措施。当出现严重后果（具有严重性）和负面结果（不利的结果）时，自然会出现这种情况。然而，当一些事件经常发生并且结果是可以接受时，也应该采取学习行动，因为这可以对日常工作的本质进行说明。通过日常实践活动，组织很快就会建立一个需要开始学习的门槛，尽管这个门槛通常会比较高。换言之，当当前的表现导致不可接受的结果时，组织或个人必须意识到此刻已有了学习的机会或者被迫去学习。

41   第二个条件是，在确认需要学习的不同情形之间，必须要有合理的相似度。对此的解释是很直接的，如果情形不同或不相似，则学习就必须针对某一种情形，这意味着将已学习的知识、能力应用到其他情形是不可行的，因为每一种情形都是独一无二的，每一次学习也都是独一无二的。实际上，在运营环境中几乎总是存在一些共性，由此，在事件的起因中也是这样。很明显，在不同的情形下找到相似的地方，学习一些通用的或者有普遍价值的经验教训，会更容易也更有意义。尽管相似性可能被认为或被理解成不真实的状态，但相似性的存在仍然是进行学习的一个条件。在每种情形都是独一无二的环境中，没有一个组织能够持续存在。

　　学习的第三个条件是有机会证实或确认所学的内容。学习本质上是行为或表现的改变，而不仅仅是知识的改变。我们可能会觉得我们学到了一些东西，而其他人可能会声称他们学到了一些东西，但除非存在表现上的差异才可以证明这一点，否则这仍然只是一种假设。为了使这种差异变得明显或具有可观测性，有必要再次出现相同的或足够相似的情形。有趣的是，这一条件意味着从一次严重事故或灾难中吸取教训容易，但很难对吸取到的经验教训进行确认。致力于学习可能会带来一些改变，比如组织形式及其工作方式（程序、设备、任务、责任）的变化。在某种意义上，发布新程序是学习的证据，但除非出现必须使用新程序的情形，否则我们不能有任何合理的理由声称已经学到了某些东西。

　　学习的三个条件或先决条件可如图 4.1 所示。X 轴表示情形或事件之间的相似程度，而 Y 轴表示发生的频率。日常表现的相似性最高，且发生的频率最高。而在另一端，严重事件（如事故）的相似性最低，而这些事件同样是不常发生的。（这有一部分原因是我们采取了措施确保事故不会发生，同时我们也努力促进日常表现的发生。）如图 4.1 所示，"结论"是从日常表现中可以比从事故中学到更多东西。当然，这也符合安全-II 的观点。

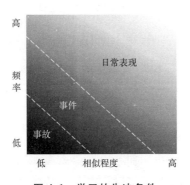

图 4.1　学习的先决条件

学习失败

尽管学习的必要性非常明显，但一些研究表明，组织有时不仅是学习失败，而且是故意失败。更准确地说，在组织中处于领导地位并负责学习（或有能力控制学习）的人有时无法做到这一点（Baumard & Starbuck，2005）。这可能有许多不同的原因，但42 更常见的原因如下。

- 学习在当时或一般情况下不方便进行，因为学习被视为与其他优先事项（通常是生产力）相冲突。
- 学习是有意义的，但它既费时又昂贵。这是来自成本和精力的论据。
- 学习是有风险的，因为它暴露了组织，会给人一种存在缺陷的印象。学习是承认自己的软弱和不足。
- 学习是一种威胁，尤其是对一个人（或领导）自身的地位。这是一个弱点，是一个可能会被其他人用在权力斗争中的紧箍咒。
- 学习是不和谐的，它违背个人或组织的价值观。

4.7 预测潜能

监测对于一个组织来说是必不可少的，这几乎不需要任何论证。一个组织必须关注在其运营环境和组织本身中发生的事件，并且必须能够理解这些事件。否则，该组织将无法长期有效运作。但是，对于一个组织而言，展望更遥远的未来，去预测可能加强或削弱其持续运作的事件、条件、威胁和机会的意义似乎不那么明显。

　　监测关注于那些在事件范围内、在当前运作和活动范围内的 43
事件。监测关注的是已有的和变化的对象，只要它们可以被感
知、测量或以其他方式被注意到。监测是指观看、观察或检查某
个对象，看它是否正在以一种需要作出响应或干预的方式发生变
化。预测"着眼于"超出事件视界的状况，或者是更深入未来的
事件，或者是对组织的主要活动没有直接关系或影响的事件。监
测是在看着什么，预测更像是在思考或想象着什么。

　　这种预见性思维构成了个人、团体、组织以及大大小小的社
会正常运行的基础。必须为将来可能发生的威胁或机会做好准
备。正如一个组织必须努力了解现在和过去一样，它也必须努力
了解未来。问题是，引用诺伯特·维纳（Norbert Wiener，1954）
的话，"现在不同于过去，未来不同于现在"。未来是不确定的，
但对人和组织而言，试图尽可能减少这种不确定性是人类的第二
本能。人类会以很多方式，如宿命论、悲观的顺从、永恒的乐观
主义、决定论等等来面对不确定性。所有这些都可能给人带来心
灵的平静，让人渡过难关，但它们都不会对预测潜能产生任何直
接影响。

　　组织还有另外两种展望未来的方式，它们与预测有着表面上
的相似性。第一种是指导组织行为的计划。计划的本质是在活动
发生之前考虑和安排活动的细节。因此，计划必然指的是具体的
或实际的事件，而预测是指假设的或潜在的事件。计划和预测的
另一个重要区别是，计划是同步的，而预测是非同步的。计划是
同步的，因为它是正在进行的活动的一部分，而且对于一个组织
能够采取行动来说确实是必要的。虽然计划可以有短期或长期之
分，正如战术和战略的关系，但计划的主要目的是根据当前活动
和现状来为未来的活动做好准备。预测的目的不是支持当前的活
动，而是设想其他的场景，并思考在完全不同的情形下可能会做
什么。

展望未来的第二种活动是风险评估。风险评估的目的是提前确定可能对组织构成威胁的环境或事件，因为它们可能会阻止组织的运行或导致不可接受的生命、财产或资源的损失。风险评估对于可被追踪的组织和系统非常有用。这意味着：组织的运行原理是已知的；风险评估的内容不需要包含太多细节，并且可以相对快速地形成；组织及其运营环境十分稳定，以至于风险评估在很长一段时间内仍然有效。不幸的是，现在的许多组织不符合这些条件，反而更加棘手。对于这样的组织而言，只有部分运行原理是已知的，风险评估内容包含（太）多的细节且需要很长时间才能形成，而且组织或其运营环境的变化很快，以至于必须经常更新风险评估内容。（在极端情况下，组织的变化可能比风险评估内容的形成速度还要快。风险评估的内容总是不完整的，由此导致了无法对组织进行彻底评估。）在这种情况下，如果不是完全不合适的话，传统的风险评估方法也是不充分的。风险评估与预测的不同之处在于，它受到组织现有运行信息的约束。需要对组织运行状态进行系统分析和评估，但与预测不同的是，风险评估不能超出给定的描述范围去考虑不相关的备选方案。还有一个区别是，风险评估的重点是识别可能会失败或出错的环节。但是没有相应的方法用来寻找未来的机会，尽管寻找机会与定位威胁同等重要。

预测和未来的模型

既然预测是对未来将要发生或可能发生的事件的预期，那么它在很大程度上取决于我们如何看待未来，这也必然意味着我们是如何看待现在和过去。更具体地说，这取决于我们对事件如何发生的假设。事实上，我们可以区分几个典型的观点或模型。

●*最简单的预测形式依赖于与相似性或频率相关的认*

知。这与"机械论"观点相对应，未来是过去重复的"镜像"。换言之，如果一种情形与过去经历过的情形相匹配，无论是基于相似性还是基于频率，都假定它在未来会以同样的方式发生。

● 更为精细的预测形式是通过向外推理延伸，从已知的过去推断未知的未来，特别是通过容易识别的趋势和倾向（真实或虚假的相关性）推断未来。这与"概率"观点相对应，将未来描述为过去事件和条件的（重新）组合。

● 预测的最终形式是在理解过去和现在的基础上，根据对事件如何发展的推断或推断原则，对未来可能出现的情形进行深思熟虑的构建。这与一种"现实的"观点相对应，这种观点认为未来从未在之前出现过。预测可能是基于已知的组合，但它往往涉及变化和调整，这些变化和调整被视为微不足道，因而在过去没有予以重视。

虽然全球变暖是一个最好的例子，但也可以轻易举出一些不那么严重的例子。

廉价旅游

如果像法国国家铁路公司（SNCF）这样的铁路公司举办了 45 一场廉价旅游的优惠活动，并会提供一张非常便宜（1 欧元）的车票，再加上这时候人们刚好结束公共假期回家，那么会发生什么情况？当以这种形式问这个问题时，毫无悬念，答案是乘客人数会增加，这个答案当然是铁路公司想要的。但更有趣的问题是，乘客的增加将对铁路公司日常运营产生什么样的影响。

引出这个问题的原因是一列区域快车在到达车站时因道岔位置不正确而脱轨。造成脱轨的一个原因是，负责将道岔设置在正确位置的信号员也要负责售票。因为有顾客在售票处等候，他为了尽量节省时间，没有按"规定"来设置道岔。除了异常的工作量外，因为他的替班人员还没有到岗，信号员还同意双班工作。像往常一样，还有其他因素使当时情况复杂化。这里有趣的问题是，票价降低会引来更多的乘客，但铁路公司没有预料到这反过来又会给工作人员带来更多的工作量，特别是对同时负责售票和发信号的员工而言。对计划目标的关注，以及乘客数量的增加，导致其忽视了其他可能的后果。

（法国国家铁路公司组织和人力部门主任 Christian Neveu 允许我使用此例，在此表示感谢。）

克隆肉

2008 年 1 月 15 日，美国食品药品监督管理局（FDA）宣布克隆动物的食品是安全的。这为 4 年多以来一直寻求批准在商店销售此类产品的生产商消除了最后一个障碍。最初，FDA 曾临时宣布克隆动物的食品是安全的，但毫无疑问遭到了消费者团体和相关科学家的批评。2008 年 1 月，FDA 宣布进一步的研究证实了先前的决定。

在不讨论 FDA 的决定是否正确的情况下，有趣的是，FDA 的首席食品安全专家向记者发表了以下引人注目的言论："我们甚至无法想象找到一种理论会导致食品（源自克隆体）不安全。"也许首席食品安全专家是对的，但也许这恰恰表明了一种无法预料和缺乏想象力的情况。

4.8　预测潜能的特征

预测的基础是人们认识到有必要对超越当前的形势进行思考。人们认识到，未来充满了不确定性，因此有必要考虑哪些准备工作可能是必要的。提前做好准备已为大家所接受。

　　然而，预测必须建立在某种基础之上。它关系到一个组织在未来某个时刻的愿景和目标，但只有愿景是不够的。一个公司的愿景可以用来指导或控制预测，但愿景本身并不是预测。在某种程度上来说，愿景是一个纲领性的声明，在理想的世界中，成为一个自我实现的预言。

　　预测的输出，也就是预测产生的结果，可以说，是一组潜在的焦点、关键问题或优先领域。这个结果代表了一个组织关于未来发展和条件如何影响其生存和表现的想法。要做到这一点，可能需要研究和探索（重点）或开发特定的能力和资源。这就是为什么预测可能很难持续进行（除了持续的不安全感），而是在感觉有必要的时候才进行。因此，预测的先决条件是或多或少有一种明显的不安全感，一种感觉，即局势不再稳定、可预测或确定。"不安全感"可能是由与组织行为没有直接关系但被视为具有某种影响的事件触发的，即使这不是正式认可的"因果路径"。一个自负的组织并不认为预测是必要的，因为这样的组织认为，除了有限的一系列外部事件之外，它与所有外部事件都是绝缘的。一个例子是 2010 年至 2015 年的国际足联，在这期间，国际足联认为自己对周围发生的事情毫不敏感。或者是 2016 年美国总统初选开始前的共和党。一个"有韧性"的组织之所以能够预见到这一点，是因为它意识到不存在这样的绝缘，尽管它可能无法明确解释这些事物是如何联系在一起的。

　　预测是一门艺术，而不是一门科学，它类似于必要的想象（Westrum，1993）。因此，可能很难界定成功进行预测所需的具体资源，除了可以称之为"智囊团"的拥有自由和资源来推测可能会发生的事情的一群人（内部的，但也可能是外部的）以外。这些人可以凭借他们的任务而不受通常的组织（和认知）约束的影响（至少当他们从事预测的时候是这样）。最重要的资源可以说是时间。预测的进度难以预料，也无法预知其开始和停止时刻。可能会有人要求考虑未来，但如果也有一个严格的最后期限规定了何时应该拿出预期的结果（就公司愿景而言），那将会是一个坏兆头。

虽然预测应该不受约束，但它不应该不受控制。预测的结果必须仍然是合理的，因此在某种意义上而言，应该对预测予以控制或指导，或者至少是不时地对其进行审查。检查和指导预测的一种方法是将已被公认的威胁和机会，以及来自公司战略的威胁和机会作为参考。另一项控制来自公司愿景，公司或大型公司未来几年的总体发展思路或品牌形象。（最不幸的例子是英国石油公司在贝克报告中提出的愿景：公认的行业领导者。这将在第五章中进行论述。）

4.9　预测潜能存在的问题

预测的困境是无法明确地知道哪些方面的问题可以被忽略，哪些方面应该去注意。这在文献中被描述为探索－开发维度（March，1991）。探索包括通过搜索、变化、冒险、实验、推演、灵活性、发现和创新等术语捕获的信息。开发包括优化、选择、生产、效率、选择、实施和执行。从事探索而非开发的组织很可能会发现，它们在没有获得收益的情况下，却要承受实验的成本。它们展示了太多未开发的新思想和太少的独特能力。相反，那些只从事开发而不从事探索的组织可能会发现自己陷入次优平衡。因此，在探索与开发之间保持适当的平衡是系统生存与繁荣的首要因素。

组织信仰的僵化、使注意力分散的诱饵现象、忽视外部投诉、多重信息处理困难、陌生人危害的加剧、不遵守法规以及尽量减少紧急危险的倾向，可能会妨碍人们的预测。而解决方法是保持开放的心态，尽管这说起来容易，但做起来困难。对于一个组织而言，认为自己比外界更了解它们所处环境的危机是很危险的。

4.10　其他潜能？

当四种潜能被提出时，有两个问题立刻浮现在脑海中。第一个问题是为什么有四个而不是三个或五个或其他一些数目。第二个问题是为什么这四个潜能是响应、监测、学习和预测，而不是其他四个潜能。这两个问题都很容易回答。

有四种潜能的原因是实用主义，而不是逻辑性或推演的结果。这里提出的四种潜能可以在许多事件的描述和分析中很容易识别出来，并且四种潜能加在一起已经足够，不再需要其他多余的潜能。根据定义，如果一个组织在预期和非预期的条件下都能按要求运行，那么可认为其表现具有韧性，很明显，四种潜能都不能被忽略。

一个不能做出响应的组织将会走向失败，有可能是在短期内失败，也可能在长期内失败。除非运营环境从未改变，否则无论响应有多大，响应必须是从同一组响应行为中进行简单选择。响应必须随着时间的推移而发展，这意味着组织必须能够进行学习。实际上，获得新技能和知识或修改现有技能和知识的能力本身就是学习的定义。但是，除非得到监测的支持，否则响应就不可能有效。如果没有监测，组织必须不断地为任何可能的响应做好准备。这显然是不可能的；从经济或生产力的角度来看，这也不合理。监测也必须根据经验进行调整，调整方式与响应方式相同，即必须以学习为基础。响应、监测和学习这三种潜能加在一起，可能会让一个组织"蒙混过关"，甚至可能持续相当长的一段时间。组织的表现可能符合安全的标准（在安全-I 的意义上），也可能符合有效的标准。但该组织不符合韧性的标准，因为它无

48

法为当前形势之外可能发生的事件做好准备。想象未来和分析过去同样必要。为了实现前者，一个组织必须具有预测的潜能。能够为可能发生的事件做好准备——尽管它还没有发生，尽管它可能永远不会发生——将会成为明显的"进化"优势。如果运营环境稳定，即出现新变化或意外情形的可能性不大，则可能不需要预测，尽管它仍然是有用的。但是，如果在一个组织的生命周期中，其运营环境发生了变化，那么显然有必要进行预测。虽然短期内考虑未来可能会显得毫无成效，并因此产生成本，但长期来看并非如此。正如乔治·桑塔耶纳（George Santayana）指出的那样，那些不记得过去的人注定要重蹈覆辙。不向过去学习的人，将来注定要失败。

接受这四种潜能是必要的，当然也可能不禁要问，四种潜能是否足够，或者是否需要第五或第六种潜能。有三个公认的备选项分别是计划潜能、沟通潜能和适应潜能。

计划对于一个组织的运行是必要的，因为众所周知，计划提供了行为的结构（Miller, Galanter & Pribram, 1960）。然而，计划并不局限于韧性表现，而是适用于任何类型的表现，适用于组织所做的一切，无论是短期（战术）还是长期（战略）。组织的存在需要计划，而不是韧性表现需要计划。

沟通是任何组织和系统所必需的基本要义。沟通是传递信息的能力，既能接收组织内外所发生事件的信息，又能发送信息以行使控制权。因此，沟通被视为响应、监测和学习的必要条件，也可能被视为预测的必要条件。但是，沟通潜能并不直接影响韧性表现，例如，像响应潜能那样。准确的沟通对于一个组织协调各个部分的运作是必要的，但是沟通，就像计划一样，对于一个组织的存在是必需的，但对于韧性表现不是必需的。

还有一个备选项是适应。不可否认，适应能力对于一个组织而言非常重要，而且近年来，热议复杂适应系统已成为一个不争的事实。但是适应是一种复合能力而不是基本的潜能。一个具有适应能力的系统可以根据经验调整或修改自己，或者更确切地说，调整自己的运行方式。因此，适应可以看作学习潜能和响应潜能的结合，也可能是前二者与监测潜能的结合。因此，适应不是一种基本的潜能。

上述论点显然不排除在某个时候可能真正需要第五种潜能，而且在韧性表现的概念或韧性评估表（RAG）的原则中没有任何内容可以防止这种情况的发生。不管韧性潜能的数量和性质如何，重要的是，韧性是对韧性潜能的表达，而不是对一个组织整体特质或潜能的表达。必须将这四种韧性潜能描述为功能而不是组成部分，并且将它们视为一个整体，包括它们如何相互依赖，如何耦合。这部分内容详见第六章。在此之前，第五章将解释如何在实践中使用韧性评估表。

第五章
韧性评估表

显而易见，只有当一个组织能以一种韧性的方式运行，该组织才可以承受各种"厄运的冲击"。但由于我们对韧性及其表现都无法直接进行管理和控制，将韧性视为一个整体性概念并不合适。相反，如果韧性表现可用组织的能力或潜能来表征，那么韧性表现就可以间接地通过其潜能水平来进行管理。当然，我们不能想当然地认为一个组织的潜能总是会在需要的时候发挥作用，但相比于没有这种潜能的组织，拥有这种潜能的组织将更可能以韧性的方式运行。反之，我们可以肯定的是，缺乏这些潜能的组织将不会具有韧性表现。

5.1 过程管理的基本要求

韧性工程的内容基本上是关于如何管理这四种潜能，对这四种潜能的管理不是逐一分散的而是整体统一的（详见第六章）。为实现对某些事情的管理，不管是组织的运行方式、生产方式，还是将人或货物从 A 运送到 B 的方式，这其中有三个环节是必不可少的。首先，我们必须了解当前的情况或状态（当前"位置"）。其次，我们必须明确目标，即组织或系统预期的未来目标值和实现时间。最后，有必要了解如何实现从当前状态向目标的转变，即如何以正确的方向和正确的速度"移动"组织。

我们可以用一个比喻来说明一下，这就和驾驶船舶从一个港口到另一个港口相似，需要明确当前的船舶位置（船舶现在在哪里）、目的地（到达港口的位置和时间），以及最后如何驾驶船舶，以实现当前位置向目的地的有序转移。如果缺乏这三个认知环节中的任何一个，船舶都无法安全航行。1707 年的一场海难显著地说明了不知道当前位置的后果。在这次事件中，由于不良天气的影响，英国皇家海军舰队误以为他们在威桑岛（Ushant）以西，东南方向 184 千米处，结果却撞上了锡利群岛（Scilly），损失了 4 艘舰船和约 1550 名船员。1492 年哥伦布第一次航行到一处他以为是亚洲大陆印度群岛一部分的地方，但实际上正如我们现在所知，那里其实是如今的美洲属地，这件事同样也说明了不了解目标的后果。最后，即使当前位置和目标都是明确的，但不知道如何从当前位置向目标位置进行转移也会造成问题，如 1970 年 4 月阿波罗 13 号登月任务的失败就表明至少在商讨修订飞行计划到爆炸发生的 6 小时之间的登月方案是有问题的（见表 5.1）。

表 5.1　缺乏认知的后果

	哥伦布	锡利群岛海难	阿波罗 13 号
了解当前位置或出发点	是	否	是
了解目标位置或到达点	否	是	是
知道如何从当前位置转移到目标位置	是	是	否
导致的后果	到达错误目的地	造成重大海难	飞船不受控漂流

　　在物理系统运动管理中，位置即指字面上的地理位置。但对于管理学而言，一个组织的"移动"，例如更改安全、质量或"韧性"之类的属性，"位置"是具有象征意义的。一个被称为"安全文化之旅"的优秀案例在很多行业中得到应用（Foster & Hoult, 2013）。该案例通过 5 个层级来确定或"测量"组织当前的安全文化状态，如图 5.1 所示，其目的是改变组织的安全文化水平，如从"被动的"转变为"计划的"。"安全文化之旅"的

变化过程借用物体位置变化来做比喻，但对各层级转变间的"位置"和"旅程"没有给出明确的定义，因此也难以准确理解。虽然这样的比喻在许多行业中被广泛接受，但其根本缺陷是"位置"难以量化。另外，其组织目标是在其他组织的工作或成果的基础上来确定的，因而其组织目标是相对而非绝对的。尽管安全文化推崇者大力宣扬，但关于如何"移动"或改变一个组织文化，几乎没有什么具体的可操作内容（该问题也将在第七章进行讨论）。

52

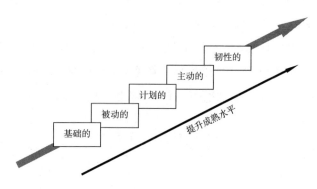

图 5.1　安全文化之旅

英国石油公司和贝克报告

2005 年 3 月 23 日，英国石油公司得克萨斯炼油厂发生事故后，至少出现了六份调查报告，并提出了六套不同的建议。贝克报告作为其中之一，由美国前国务卿詹姆斯·贝克三世（James Baker III）领导的小组编写，研究了企业安全文化和安全管理体系。该报告提出了十项建议，其中最后一项是：

　　英国石油公司应该从得克萨斯事故和专家组报告中吸取经验教训，将该公司转变为过程安全管理领域公认的行业领导者。

显然，这是一个改进性的建议。其初始位置是该公司在事故发生时所处的一个无法识别且令人失望的过程安全管理状态。其目标是成为"公认的行业领导者"，但并没有对该目标进行完好定义。毫无疑问，该报告并未就如何成为"公认的行业领导者"提供具体建议。尽管该建议听起来好听，但在实践中毫无用处。五年后，该公司的"深水地平线"钻井平台在墨西哥湾爆炸，造成了世界上最大的海洋石油意外泄漏事故和美国历史上最大的环境灾难。

5.2 测量或评估?

我们通常用相对而非绝对的测量方式来表示组织的位置，例 53 如，将其与标准、监管规范、行业平均值等进行比较。然而，韧性评估表的目的是评估或测量韧性表现的潜能，以便实现管理而非进行比较。因此，将既定的评估结果与某种任意标准甚至与另一个组织进行比较是没有任何意义的。但将其与同一组织的早期评估进行比较确实是有意义的，因为这种方式是以其自身作为参考。通过重复评估，我们可以在合理的条件下跟踪组织的"位置"变化方式，以及判断它是否处于预期的方向和预期的"速度"。

在第四章中，经过讨论我们发现大量使用这四种潜能作为单一特征或维度来评估一个组织的能力，其价值是有限的。相反，评估工作应着眼于这四种潜能的运作细节，关注组织能够进行响应、监测、学习和预测所需的具体操作阶段或相关功能。与"韧性"不同的是，我们可以很容易发现潜能是怎样做出反应的，例如潜能会包含很多具体操作或功能，而且每一项功能都很容易通过一个或多个诊断性问题和持续影响性问题进行评估。如果问题聚焦于潜能的操作层面，可以进行直接回答，或者以符合的程度进行分级量化，则这些问题是诊断性问题。如果问题本身连同其答案可用作后续干预或改进活动的基础，以使具体操作或功能朝着预期方向发展，在此过程需要整体把握具体功能与四种潜能之间的关联和交互，则这些问题是持续影响性问题。同样，也可以对其他三种潜能提出相同的论点。

"六个忠实的仆人"

对于实践经验丰富的人而言，对其自身工作和组织的关键要素进行思考并不是一个难题。事实上，在大多数情况下，这就是他们工作的一部分，而且可能是通过常规（间接）而不是诊断（直接）的方式来完成的。由于问题必然与其组织或某种活动相关联且有特定性，开发出一套适用于任何类型组织或系统的通用性问题是不现实的。但是，提出一组共性的问题则是可行的，可以将这些问题作为为特定组织开发诊断性问题的起始点（如何做到这一点将在本章末尾进行说明）。这类共性的问题对于那些缺乏评估经验的人员往往极为有用。

54   2000 多年前，在古典修辞学中，人们就提出了关于协助收集信息的通用性问题。罗马元老院成员、哲学家波伊提乌（Boethius）提出 "7 种状况"，即 "who"，"what"，"why"，"how"，"where"，"when" 以及 "with what"。19 世纪，"3Ws"（What? Why? What of it?）的概念广为流行，而到 20 世纪初，拉雅德·吉普林（Rudyard Kipling）写了一篇关于 "六个忠实的仆人"（six honest serving-men）的诗句提出五 W 一 H 法则，即 What，Why，When，Where，Who 和 How。

在评估韧性表现的潜能时，操作内容是什么（what）以及如何（how）执行操作是极为重要的。这其中包括在实际情况下确需做某些事情时，所做工作（或潜在要做的工作）的恰当性；还包括如何（how）去开展这些工作，比如工作强度和工作能力要求等。何时（when）指的是工作的时间，即开始时间和持续时间。类似地，How（如何）或许指的是是否以正确的方式开展工作，前提是该项工作应该要做。在前述基础上，便顺其自然地引出关于为什么（why）选择该特定的操作或功能的相关问题。何人（who）指的是确保潜能得以实现所需的人（随着不断发展，也可以指技术）。最后，何处（where）指的是所做工作的重点或目标是否正确。

5.3　评估四种潜能

在接下来的章节中，针对四种潜能详细信息（子潜能）的评估问题，我们给出了相应的诊断性问题示例。这些诊断性问题都是根据能够解决具体实际问题的四种潜能的特征而制定的。故而这些问题的答案可以用来描述每种潜能的详细特征，以及一个组织整体韧性表现的潜能。这四种潜能都可由一组通用性问题来表达。显而易见，这些通用术语通常不涉及特定领域，因此，我们不能直接使用这些通用性问题。为了使这些问题具有诊断价值，我们必须对它们进行修改，以获得对特定组织而言更为重要的信息。每组问题的数量无须按照标准来设定，根据实际情况需要选用或大或小的数量即可。对于每种潜能，一组实用的诊断性问题可以很好地展示出这些通用性问题在四个具体领域中的应用。

5.4　对响应潜能的评估

除非一个组织、有机体或系统能够对发生的事件做出响应，否则它无法长期存在。这些响应应该相互关联又切实有效，即它们必须适用于所发生的一切，又必须在为时已晚之前促成妥当的效果。由于现实中没有任何一个组织可以拥有无限的资源，我们

只能对有限数量的事件或条件进行响应准备。我们设计的诊断性
55 问题必然要与组织作出响应的条件或事件相互关联。

在保护组织免受破坏时，每个组织都会考虑一系列"常规威胁"、事件或情形，并为此做好具有一定成本效益优势的准备（Westrum，2006）。一些组织还会考虑将诸如季节性变化这类具有一定规律性的可能事件或情形视为一种机会。对于其他更多的"非常规"事件，组织可能会有一个笼统但不具体的响应准备。一个组织可以基于惯例（被委婉地称为"行业的集体经验"）制定常规事件或非常规事件清单，例如常用的风险情形、不可接受的故障、安全案例或以往成功经验。该清单也可以基于法律要求（指令）或监管要求的规定来制定，同样也可以基于行业标准、系统设计、专业知识、风险评估、市场分析等来制定。

显然，一个重要的问题是，为了及时反映出"经验教训"和运营环境的变化，我们必须经常修订事件清单。这些修订通常是被动和渐进性的，例如当组织无法响应且又想要确保不再发生类似情况时，我们才会进行修订。但是实践中，从失败经验中学习只是最基础的修订，从某种意义上来说，如果我们基于长远眼光进行定期且系统的修订显然会更佳。

另一个重要问题是，我们的响应准备是否适当或充分。毫无疑问，我们对响应进行选择的最主要来源是经验和惯例。通常我们会首选那些经过尝试且被信任的方法，因为它可能带来的风险很小，同时，如果该方法过去已发挥作用，则更可能被再次选用。本身没有足够经验的组织往往也可能会模仿或"导入"其他组织所采用的响应准备。（模仿其他成功组织的需求有时候非常迫切，以至于即使两个组织之间存在不可调和的差异也会被其忽略。）此外，响应也可能会基于对社会运行方式的猜想、假设及专家建议等。对于常规事件，我们可以逐步完善和校准响应。但是，对于诸如重大事故或其他重大变故等小概率事件，在实际情况发生之前，我们

的响应准备是否能够发挥足够的效能其实也是未知的。

　　同样，知道如何有效地实施响应也是极为必要的。组织会一直处于响应准备的状态吗？当需要时，人员、设备和材料是否完全准备就绪呢？实践中，某些事件（例如火灾或心脏衰竭）的影响巨大，以至于持续做好响应的获益会超出成本。但对于其他事件，如洪水、暴风雪或停电等，我们可以根据情况来决定可接受的响应延迟时长。如果我们对每一个可能的事件都做出即时响应的准备，付出的代价会令人望而却步。此外，响应的阈值同样也很重要，如果阈值太小，则组织响应将过于频繁且响应太早，从而浪费资源；如果阈值太大，则组织将响应太迟，或者根本不响应。（还记得那个狼来了的故事吗？）简而言之，该问题就是组织应当如何正确地判断是否有必要做出响应及制定的响应准备与实际要求有多匹配？

56

　　响应时效的重要性体现在如下两个方面：一方面，是否在正确的时间开始响应。太晚做出响应常常会让人感到担忧，但过早做出响应也可能会带来问题，例如在让所有人撤离之前封锁某一区域。另一方面，响应是否可以持续足够长的时间，例如对幸存者的搜救既不应过早结束，也不应持续太久。有没有一个组织层面的"停止规则"来确定何时可以恢复正常运行？同样，响应的程度也必须是恰当的。对于一个组织而言，它必须能够提供必要的、具有一定强度或一定规模的响应，且在规定的时间内保持这种响应。否则，在实际中当消防员筋疲力尽，或当物资（车辆、灭火化学品）无法迅速补充时，森林大火就可能会失去控制；同样，在流行病蔓延期间，疫苗也可能变得毫无作用。

　　最后一个诊断性问题是所需的能力和资源是否需要，以及如何实施维护和确认。材料或物质资源方面相对容易确定，但对于诸如技能和能力之类的无形资源而言，就可能很难。人的能力通常是决定性因素，但是我们如何确定所需的能力是否适用，以及如何确保这种能力随着时间推移而保持呢？

示例：空中交通管制员能力评估

在许多职业中，需要对人员适任能力进行定期检查。空中交通管理是其中之一，欧洲航空安全组织（Eurocontrol）作为负责航空安全的主要国际组织之一，已经发布了相关的能力评估指南，其中包括四个组成部分：（1）正常值班期间，通过对空中交通管制员（ATCO）的测评进行观察来进行持续评估。（2）每年进行一次专门的实践评估。（3）口头考试。（4）书面考试。飞行员也会定期接受检查，以确保航班和乘客的安全。但对于诸如医生等许多其他职业，情况则并非如此！

评估响应潜能的问题

表 5.2 提供了一组通用性问题的示例，这些问题可用于评估组织的响应潜能。

表 5.2 有关响应潜能详细问题的示例

事件清单	是否有组织对可能和潜在事件或条件（内部或外部）进行响应的准备清单？
事件清单相关性	清单是否经过核实并且/或定期修订？
响应设定	是否为清单中的每一个事件都计划和准备了响应措施？ 当这些事件发生时，人们知道该怎么办吗？
响应设定的相关性	组织是否检查了响应的充分性？检查是怎么做的？多久做一次？
响应的开始和结束	触发响应的标准或阈值是否被准确定义？它们是相对的还是绝对的？是否有明确的标准来结束响应并恢复到"正常"状态？
激活和持续时间	一个有效的响应能足够快地被激活吗？它能维持多久？
响应能力	是否有充足的援助和资源（人员、设备、材料）来确保响应准备就绪？
验证	响应准备（响应能力）是否得到充分保持？ 是否定期验证响应的准备情况？

表 5.3 给出了一个评估响应潜能的诊断性问题实际案例，这组问题已被开发出来且在加拿大市中心的（医院）急诊科进行了应用（Hunte & Marsden，2016）。

表 5.3　一个评估响应潜能的问题示例

问题	内容
1	我们有一份日常和意外的临床、系统和环境事件清单，我们为这些事件制订并定期实施行动计划。
2	我们系统地重新审查和修订了我们的事件清单和行动计划。
3	我们遵循设定的阈值、行动和停止规则来调整/切换操作，并主动调动资源，以便在数量和敏感度增加的情况下保持我们的响应能力。
4	我们在部门内外以及与公共服务系统都进行着有效的团队沟通与合作。
5	我们拥有组织层面的支持和资源来保障我们的能力，以满足敏感度和数量的需求。
6	我们将所属部门的调整措施与组织及其健康系统的变更联系起来。

通过对比表 5.2 和表 5.3 中的问题内容，我们发现急诊科的分析小组在选择了一些一般性问题的同时，也增加了诸如问题 4 的一些新问题。这些问题的具体形式也从一个中立的或技术性的框架（指组织本身）转变为一个可以更好地反映医疗服务的主体性、相互依存性和人性的社会框架。 58

5.5　对监测潜能的评估

一个组织必须能够对事件和变化，以及挑战和机会等进行响应，但这不足以确保其能够长期存在。做出这种判断的原因很简单，是因为当组织对运营环境中发生的事件不进行持续关注的时候，突发事件的发生往往会使其措手不及。但总是不断对突发事件做出响应的组织也会很快耗尽其资源和能力。当然也正如事实所言，我们还是需要有备无患。应对突发事件就像扑灭森林大火和玩"打地鼠"游戏一样，只要不经常发生火灾，或者只要出现地鼠的事件时间间隔充足，响应就会有效。但是，如果发生频次增加使事件之间的间隔时间短于确定位置和做出响应所需的时间，且事件的发生不可预测，那么响应将会为时已晚且毫无效果。

因此，除非有监测潜能，否则响应潜能的作用是受限的。相反，那些能在事件发生之前就知道或可以预测出会发生什么的组织，往往可以随时在需要时做出响应。监测的目的是通过密切关注某些事件或定期对数据进行抽样，以了解组织及其运营环境（组织内外）中发生的状况，特别是需要了解某事件的进一步发展是否需要响应。

与监测潜能有关的诊断性问题主要是监测（和量化）的内容（what）和原因（why）。作为指标设计的核心，这些问题多年来一直被广泛地讨论（见第四章）。其中一个核心问题是，是选用滞后指标还是选用领先指标，前者表示已经发生的事情，后者表示将要发生的事情。另一个问题是，一个组织是否使用了恰当的指标并进行了准确的测量，以及是否定期评估和修订了这套指标。

如果一个组织对所使用指标的准确性感到满意，那么接下来需要关注的问题就是它如何使用这些指标，以及确定监测、检查和测量这些指标的频次。一个同样重要的问题是，这些指标是有意义的（有效的）还是只是便于测量的？实际上，从所有行业来看，指标的选取可以视为效率和充分性之间的一种平衡。上述的"效率"是指测量或读取指标当前值的难易程度，以及将其与其他指标或公认的参考标准进行比较的难易程度。而充分性是指一个指标的意义有多大，既指该指标相对于其所代表的条件或过程的有效性，也指该指标对纠正、支持或补救措施决策的支持程度和直接程度。将这两种标准简单地组合，就可以得出以下几类指标：

● 易于测量且有意义的指标。这些当然是最理想的指标，但往往很难找到真实的例子。

● 易于测量但意义不大的指标。在文献资料和工业实践中，此类指标大量存在，至少对于社会技术系统而言，大多数安全和质量指标都可以在其中找到。威廉·布鲁斯·卡梅伦（William Bruce Cameron）曾说过："能计算的不一定重要，重要的不一定能计算。"但是很少有人听从这个建议。

● 难以（或代价很高）测量但有意义的指标。这些是"可数但不可被（容易）计数"的变量。尽管没有明显的测量方法，但我们可以按照要求对其进行定义，使其具有特定的含义。通常，此类别的指标是从更易于测量的其他指标中综合或计算得出的，如第四章中描述消费者物价指数的示例。

● 难以（或代价很高）测量且无意义的指标。尽管这一类别的指标显然没有什么实际意义，但我们仍然可以找到相关的例子，尤其是在经济学中。如消费者信心指数等一些间接（计算）的指标，即使没有证据表明它们确实有效，也可能会出于传统原因而被使用。另一个例子是安全文化水平。

如果按这四种类别对指标进行分组，则其结果将是如图 5.2 所示的倾斜椭圆，大多数指标位于其右下部分。

与监测有关的其他问题主要是关于测量的频次以及分析和解析指标的速度。测量结果的解析必须足够快，以确保在需要时能及时进行干预。这也解释了为什么大家普遍偏爱简单指标，特别是可以用数字来定量表示的指标。但是对 n 时刻指标值的解读不应该仅仅局限于该数值高于或低于设定值、阈值或该指标在 $n-1$ 时刻的数值。例如，在分析一个国家交通事故的死亡人数时，人们通常将重点放在年终发布的绝对死亡人数上，我们更应关注的是怎样才能了解这两个连续数值的显著差异。更重要的是，我们如何解释这种差异，使之成为有效补救或纠正行动或干预措施的基础。

60

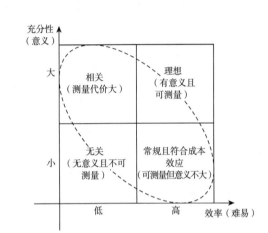

图 5.2 关于效率和充分性的指标分布

示例：医院标准死亡率（HSMR）

医院标准死亡率是指一段时间内观察到的住院患者死亡人数与预期死亡人数之间的比例（使用逻辑回归模型）。该指标在全球范围内被用于评估和分析死亡率，从中我们可以发现改善患者安全性和护理质量的地方。该指标之所以引人关注，是因为它提供了一个直观上看似有意义的直接数字，即 HSMR。然而，由于存在标准有效性低以及其随时间推移不稳定导致的精确性下降的问题，HSMR 常被诟病具有潜在的误导性，它的单一值或许并不能准确表达其价值。HSMR 就是一种易于测量但意义不大的指标例子。

评估监测潜能的问题

表 5.4 提供了一组可用于评估组织监测潜能的通用性问题的示例。

表 5.4　有关监测潜能详细问题的示例

指标清单	组织是否有一份定期使用的绩效指标清单？
关联性	该清单是否被定期核查和/或修订？
有效性	指标的有效性是否已经建立？
延时性	抽样指标的延迟是否可以接受？
敏感性	这些指标是否足够敏感？是否能及早发现变化和进展情况？
频次	指标的测量或采样频次是否足够？（持续、定期、不定时？）
可解读性	指标/测量值能否直接表达意思，或者是否需要某种分析？
组织支持	是否有定期检查计划或时间表？资源是否充足？结果是否已传达给适当的人并投入运用？

表 5.5 所示为监测潜能诊断性问题的示例，这组问题已经被开发出来并在法国国家铁路局（SNCF）进行了应用（Rigaud, 2013）。

在这个示例中，大多数情况下，实际诊断性问题的设定是直接选用通用性问题，并在此基础上添加了诸如问题 7 等其他问题。这些诊断性问题采用了一种原则上确认或否定的直接陈述方式。然而实际的作答类别则显得更为精妙，具体见如下所述。 61

表 5.5　一个评估监测潜能的问题示例

问题	内容
1	安全绩效指标与组织匹配
2	定期对指标进行适当修订
3	组织使用了领先指标
4	组织使用了滞后指标

问题	内容
5	领先指标是合理的
6	滞后指标所包含的时间是适当的
7	测量类型（定性或定量）是适当的
8	测量频次是适当的
9	结果测量和结果分析之间的延时是可接受的

5.6 对学习潜能的评估

只要条件（要求、资源、运营环境等）保持稳定，且具有监测潜能，能跟踪所发生的事件并在需要时做出响应，那么这个组织就可以正常运行。如果条件发生改变，那么组织也必然会随之发生改变，这就意味着组织必须具有学习的潜能。学习是指对一个组织应对日常大小事宜的方式进行积极和精心的整改。因此，学习的本质是改变一个组织的响应、监测、预测能力，同样，这其中也包含了学习的方式。

62   在这里，我们将讨论一个关于学习的基础性问题。对于安全，我们的普遍看法是从事故中去吸取教训。通常我们都是不希望发生事故的，并且希望尽量避免发生这些事故。实践中，我们可以根据因果关联找到事故发生的原因，并且从原则上来说这些原因也是可以消除的。为了防止事故的再次发生，我们有必要从中吸取教训。对于这种传统的安全观，我们从安全-Ⅱ视角提供了另一种选择。我们认为如果有问题就会有原因，那么做得好也一定有原因。由于大部分事情都是向好而非变坏，试着从中获取经验也是有意义的。仅仅从失败中学习不仅代价巨大，而且效果有限。因此，一个组织应该从发生的所有事件中吸取经验，包括进展顺利的事、进展不顺利的事以及介于二者之间的事件。

学习可以是不定期或定期的，也可以是持续的。不定期学习主要指对诸如事故等异常事件的响应。如果某件事与过去或预期的事件有很大的差异，不管这种差异是正向的还是负向的，它都可能成为学习中的一个重点。这种学习是被动型的，即事件驱动型的。同样这种学习也表明，当什么都没有发生时，就像没有事故或没有正向效应一样，没有什么值得学习，因此我们也学不到任何东西。这种推理方式从根本上来说是错误的。事实上，很多事情是在什么都没有发生的情况下进行的，而一个组织也可以从中学到很多东西。

定期学习是基于能力形态而不是独立事件。这凸显了组织收集作为学习基础的数据和信息的重要性。我们是将其作为日常工作的自然组成部分（或成为工作的一部分）来完成，还是在特定时间内完成或由专业人士单独完成呢？如果由专业人士负责学习，那么就假定他们已经获得了完成该工作所需的能力和资源。但是，如果将学习作为一项单独的活动，就很容易与日常工作产生脱节。从而在将学到的"经验教训"转化为实践的过程中产生"滞后效应"。实际上，从实践中剥离学习的程度越深，这种滞后效应越强，学习的精准度就越低，越难以具体化。图 5.3 表示了从事件中进行学习的典型途径。实际上，（事件）报告在组织中流转的环节越多，其被关注和反馈的时间就越长。这种情形的另一个后果是，信息逐渐发生了变化，从原始数据（直接呈现实际事件），经过数据分析和汇总，转变为绩效指标（如记分卡）或长期趋势（统计数据）。与现场决策相比，使用高级指标做出的决策显然不那么具体且缺乏可操作性。

另一个诊断性问题涉及学习资源的分配。这与学习采用个人直接的、有组织有计划的方式不无关系。我们通常将分配给学习的资源视为一种成本，而不将其看作一种投资，特别是在组织运行相对稳定的阶段。因此在经济状况变得更为紧张时，我们更要优先投入这些资源。

最后，还有一个问题是关于如何实施学习。是将学习视为新规定和工作流程，还是修订的培训内容，抑或是设备、工作场所和组织架构的重新设计，还是有限的重组呢？更改是临时的还是永久的，它们本身是否经过评估？学习的效果要持续多久？如何保持所汲取的经验，以及如何验证已真正学到了什么？如果不可能对其进行验证的话，与事故和干扰相关的无规律学习将会非常困难，因为类似的情况可能不会再次发生。在这方面，我们将定期学习与较小事件甚至是日常事件联系起来显然具有一定的优势，因为这样来判定学习是否有效显得更为容易。

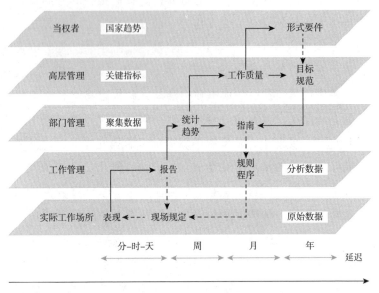

图 5.3 组织学习中的延迟

示例：艾伦·格林斯潘与金融危机

作为一种心理现象，学习受制于影响人类认知的几种偏见。

其中之一是证实偏见，它会引导人们偏向于证实其信念或假设的信息。2008 年 10 月 24 日，在美国《卫报》上，美联储前主席艾伦·格林斯潘在采访中的陈述很好地说明了这一点。格林斯潘在评论金融危机时承认："部分上……我犯了一个错误，认为组织（特别是银行）的自身利益足以保护它们的股东和公司的股权……我在我曾经认可的模型中发现了一个缺陷，该模型主要是定义了社会运行机制的关键功能架构，但其在我走过的 40 年中，有大量证据表明它的运行异常出色。"

格林斯潘的承认不仅说明了学习的失败，也说明了预测的缺失，或者说，它可能仅仅是一种从固定和无挑战的前提中简单推算出来的"机械式的"预期。非常类似的是，2007~2008 年的美国 64 次贷泡沫，被一个局外人迈克尔·布瑞博士（Dr. Michael Burry）准确地预言了。

评估学习潜能的问题

表 5.6 提供了一组可用于评估组织学习潜能的通用性问题示例。

表 5.6　有关学习潜能详细问题的示例

选择标准	组织是否有清晰的计划来选取事件进行学习（频次、严重性、价值等)？
学习基础	组织是从成功的事件中学习，还是只从失败中学习？
学习方式	学习是事件驱动型（被动型）还是持续型（计划型)？
分类	是否有正式的数据收集、分类和分析流程？
职责	谁负责学习是否明确？（是共同负责还是专人负责?)
延迟	学习是否顺利进行，或者学习过程中是否存在明显的延迟？
资源	组织是否为有效学习提供了足够的支持？
实施	"经验学习"是如何实施的？（规章、程序、培训、指示、重新设计、重组等)

表 5.7 展示了学习潜能诊断性问题的一个示例。这组问题由瑞典林雪平大学的研究人员开发，用于空中交通管理领域的研究（Ljungberg & Lundh，2013）。

表 5.7　一个评估学习潜能的问题示例

问题	内容
1	应当报告的事项已经明确
2	提交的报告已得到充分调查
3	对提交的报告有很好的答复和反馈
4	从提交报告到做出可接受响应的时间
5	有足够的资料编写报告
6	员工被激励去编写报告
7	从正确的事情和错误的事情中吸取教训
8	我们与其他单位的人员交流，互相学习

65　　　在这个示例中，诊断性问题的设定更多的是为了强调个人对响应潜能的见解。例如，问题 2、问题 3 和问题 4 解决的是员工对怎样学习的关注，而不是组织或系统的关注。问题 8 是从同行那里"间接"学习，而不是从收集的数据中"直接"学习。与其他三种潜能的问题一样，这一整套问题反映了空中交通管理工作的具体性质和空中交通管制员的关注点。在这个示例中，尽管不排除也可以使用更多分层级的答案设置，但许多问题的答案还是采用是或否的二元表述方式。

5.7　对预测潜能的评估

对于组织日常表现的波动和干扰，几乎每一个组织都会关注其自身的响应能力，并试图通过管理监测潜能和响应潜能的方式来增强这种能力。同样，许多组织也会对新需求和新规范下运营环境的变化进行关注。当一些组织对未来有一个长远的期望时，它们会更为担心未来发生的变化。但作为考虑未来可能发生的事情的预测潜能，也许是四种韧性潜能中发展最差且最不被重视的一个。然而，如果没有这四种潜能在某种程度上的共存，则根本无法实现组织的韧性能力建设。

不能仅将预测潜能视为监测潜能的延伸。监测的目的是随时关注组织内外部发生的事件，而预测的目的是思考或推测未来可能发生的状况。监测潜能更多的是关注什么会变得重要，而预测潜能则是在想象其变得重要的可能性。这或许也是在常规安全管理中对预测所做的工作相对较少的主要原因。尽管事实并非如此，但工程实践与想象构思常常被认为是不可共存的。

预测潜能最重要的条件可能是要有一个企业愿景，该愿景允许花费时间和精力思考未来的需求，因此这也是最重要的评估内容。无论是未来的客户、患者，还是未来的规则和监管（立法），大多数组织在尝试预测这类"市场"前景时也都是这样做的。但是，预测潜能远不止于此，它不仅是对可能发生事件的一种想象，更是对一个组织希望达成什么，或远期想获得什么（或达到什么位置）的一种想象。故而，冒险的意愿与此密切相关，如果不冒险，我们从预期中也将一无所得，所以我们认为规避风险是预测的宿敌。

预测中的一个重要部分是时间跨度，即组织未来愿景展望的 66 程度。对于某些组织而言，其时间跨度取决于该机构的属性。例如，当我们计划建造核电站、高速公路桥梁、风车农场或医院时，我们就有必要看得更远，因为这是一笔巨大的投资且预期回报周期很长，同时它也不是一种可以简单舍弃或迅速拆除的实物。对于其他组织而言，预测是一个雄心壮志的问题，也是一个容忍不确定性的问题。

如果一个组织要开展预测工作，那么其接下来的问题就是如何思考未来。换句话说，社会运行模式是什么？社会中事件的发生模式是什么？影响事件动态变化的假设是什么？可能的威胁和机会从何而来？预测是基于明确的模型还是基于预感、感觉或直觉？与此相关的问题就是，组织是否有一个明确制定的战略，以及它是不是众所周知的？

最后两个诊断性问题是什么时候开始思考未来，谁来思考未来？对未来的关注是定期的还是不定期的？关注点是由企业愿景、魅力领袖所树榜样驱动的事件，还是应对巨大变革或灾难而发生的事件？预测工作是外包给咨询公司或智囊团，还是在组织内部完成，又由谁来进行？

示例：图灵药业公司

图灵药业公司的定价政策说明了组织不对公众和市场的反应进行预测的后果。2015 年 9 月，该公司将治疗寄生虫感染的达拉匹林（Daraprim）的价格从每片 13.50 美元上调至 750 美元，涨幅为 5456%。该公司辩称，销售利润将用于开发新的疗法，有望有助于根除这种疾病。不足为奇的是，除该公司以外，此举在美国引起众怒，两位美国国会议员也提出了质疑。该公司的回应是通过聘请四名说客和一家危机公关公司来帮助解释定价决定。

2015 年 12 月 17 日，图灵药业公司的首席执行官被联邦调查局逮捕，罪名是在其前就任公司经营了庞氏骗局。该公司依然没有降低药品价格，但其他公司通过提供低成本替代品介入了该市场。

评估预测潜能的问题

最后，表 5.8 提供了一组通用性问题的示例，这些问题可用于评估组织的预测潜能。

表 5.8 有关预测潜能详细问题的示例

企业文化	企业文化是否鼓励思考未来?
不确定性的 接受程度	是否有相关政策来判断风险/机会何时被视为可接受或不可接受?
预测的 时间跨度	组织的时间跨度是否匹配它所从事的活动?
频次	评估未来威胁和机会的频次是多少?
模式	组织是否有一个可辨识的和清晰的未来模式?
战略	组织是否有明确的战略愿景?它是共享的吗?
专长	什么样的专业技能是可用来展望未来的(内部的,外包的)?
沟通	整个组织了解对未来的预测吗?

表 5.9 给出了一个预测潜能诊断性问题的示例。澳大利亚辐射防护与核安全局(Australian Radiation Protection and Nuclear Safety Agency,ARPANSA)制定了这组问题,并将其作为整体安全指南的一部分(ARPANSA,2012)。

表 5.9 一个评估预测潜能的问题示例

问题	内容
1	有哪些机制可以预测潜在的安全和安保的弱点和威胁的前景?
2	进行预测的机制或人员是否具有足够的专业知识、能力和资源来做出准确的预测?
3	这些预测的时间跨度和频次是多少?
4	用什么标准来确定这些预测分析的范围和深度?
5	有哪些机制可以保障工作人员能够容易、直接且受欢迎地提出安全和安保潜在或预期的弱点和威胁相关问题?如何评定这些工作人员的贡献?
6	有哪些机制可以确保将预测信息传递给组织的相关部门?该信息是否充分传递并与相关员工和部门/程序共享?
7	有哪些机制来发展和保持工作人员的技能和能力,以充分预测未来安全和安保的弱点和威胁?
8	有哪些机制来确保制定和实施的控制措施能够解决预测分析中提出的问题?在制定和实施过程中,是否充分征求了员工的意见?

68　　在这个例子中，尽管管理者的关注点和组织自身的关注点存在天然的交叉，但该诊断性问题代表的是前者而非后者。因此，很多问题有相同的开头，即"有哪些机制……"。尽管不排除其他人也可以回答这些问题，但这些问题主要是直接针对组织的管理者。由于管理重点是那些必须采取潜在补救措施的地方，对于监管机构而言，该组问题着眼于此也是合理的。其中有些问题需要相当详细的回答，而有些问题则可以按预先定义的类别作出回答。实践中，我们所寻求的答案类型必须是明确适用于评估目的的，具体到这个案例中就是，我们要评估的是组织的管理水平，而不是直接管理组织。

5.8　替代指标度量

不可以基于不同事件样本或碎片化绩效对韧性表现的四种潜能进行评估或测量。因此，评估或测量必然针对的是可持续数周或数月的表现特征。理想情况下，我们必须持续跟踪组织一段时间来确定其表现是否具有韧性。但这几乎是不可行的，因此必须找到某种满足效率与充分性平衡要求的替代指标进行度量。

韧性是一种表达个人或组织如何通过调整自身表现来适应实际运营环境，以独自或共同应对大大小小的日常情况的方式。因此，韧性与个人和组织表现（过程）相关，而不与结果（产品）相关。但众所周知，因其很难分解且内涵不清，故而很难直接测量个人和组织的韧性表现。作为韧性表现基础的四种潜能提供了一种解决方案。但这并不意味着每一种潜能都应被视为一个简单统一的指标，且相应的有一个量化值。相反，替代指标测量应基于本章中对每种韧性潜能的详细解释进行。这样做的优点是，这种替代指标测量的变化比实际进程（表现）要慢。在考虑依赖关系的同时，通过构成各潜能的功能或过程对潜能进行改进和管理也将会变得更为容易。

制定诊断性问题

对韧性潜能的评估应当充分且详细，以便使其能够对组织的管理成为可能。因此，对诊断性问题的回答应该采用分级制，而不是二值制（例如"是"与"否"，"同意"与"不同意"等），例如可使用李克特量表来分级。实际诊断性问题的四个示例（见第5.3节）也显示了提出问题和记录答案的不同方式。

 ●表5.3［加拿大市中心的（医院）急诊科］提出的问题，以便使受访者能够表达他们同意或不同意的程度。原则上，这可以采用一种同意或不同意的二元答案，但更常见和更有用的形式是允许受访者在对称标度上选择他们的同意或不同意程度。典型的5级李克特量表可采用以下答案分类："强烈不同意""不同意""既不同意也不反对""同意""强烈同意"。

 ●表5.5（SNCF）采用了与上述相同的方法，在这个案例中，问题附有四个答案类别："满意""可接受""中等""不足"。

 ●表5.7（瑞典林雪平大学）也使用了李克特量表，这次采用以下五个答案类别：优秀（组织整体上超过了具体问题所述的标准）、满意（组织完全满足具体问题所述的所有合理标准）、可接受（组织满足达到具体问题解决的正常标准）、不可接受（组织不符合具体问题解决的正常标准）和不足（没有足够的能力来满足具体问题解决的标准）。

 ●表5.9（ARPANSA）则采用了不同的风格，其中问题的设定更加开放。有些问题不是采用同意或不同意的程度来设定的，而是需要详细的回答。其中一个例子是这样一个问题：有哪些机制来发展和保持工作人员的技能和能力，以充分预测未来安全和安保的弱点和威胁？还有一些问题采用符合要求还是不符合要求的程度来设计，如：进行预测的机制或人员是否具有足够的专业知识、能力和资源来做出准确的预测？

由于韧性评估表试图在一段时间内实现重复使用，以某种标准形式（如通过电子邮件或网站的电子化方式）管理诊断性问题可能是有效的，这样可以减少面对面会议或面谈的需求。不言而喻，问题的实际制定和表述应注意人为因素和社会科学的最佳实践方式。

5.9　如何呈现评估结果

使用李克特量表的显著优势是，其结果可以直接显示在表格中或以各种图形方式进行显示，如条形图、散点图、饼状图、方块百分比图等。在选择一种有效的方法来显示结果时，我们应牢记评估工作绝不是一次性测量，而是用于支持过程管理或开发管理的重复性测量。因此，如果我们可以很容易地将一项评估结果与另一项评估结果进行比较，则测量工作就很有意义。这样的比较可以显示可能发生的每种变化的大小及其方向。

雷达图或星图是表示评估结果的一种有效方法。雷达图使用许多等角辐线，其中每条辐线代表一个问题，并且辐线的长度与受访者在李克特量表上对问题的评分成正比关系。然而，这里我们的关注点与通常使用李克特量表来确定答案的分布不同，而是用诸如答案的平均值或中位数来表示的共同观点。这种结果展示为一个星形多边形，该多边形可以清晰地展示某一潜能的状态分布。

　　图 5.4 显示了组织（未具体定义）的响应潜能等级。（这些问题参考表 5.2 中设定的所示的通用性问题，并使用标准的 5 级李克特量表作为备选答案。该示例是虚构的。）对于该组织，我们假定评估间隔为 4 个月。如果值"1"对应于李克特量表的最低分，值"5"对应于最高分，则图 5.4 中 4 个月的多边形的不规则形状清楚地表明并非所有功能（如问题所述）都被受访者视为令人满意或达标。例如，响应的开始和结束、激活和持续时间、验证被评定为不令人满意。但也应注意到的是，这其中事件清单和响应设定都被视为是达标的，并且有足够的资源来保障组织在需要时做出响应。这一评估是在评估其他三种潜能的背景下进行的，可作为本组织计划改进不达标性能和维持合格性能的基础。组织应同时审视其弱点和长处，努力保持构成这四种潜能的功能以及四种潜能本身的适当平衡。如果只解决"低"分数的问题，那将是对韧性评估表的滥用，如果孤立地解决这些问题，情况也可能会变得更糟。

71

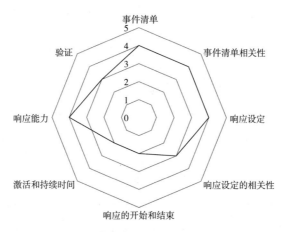

图 5.4　响应潜能评估（第 4 个月）

开发响应潜能

如图 5.4 所示的内容，8 个问题中有 4 个问题的答案显然有点不尽如人意，而其余 4 个问题的答案是可以接受的。具体如下：

- 响应设定的相关性是不可接受的，即指组织应准备好要进行响应的事件或条件清单，得分为 "3"。
- 启动响应的触发条件和结束响应的条件都不清楚，得分为 "2"。
- 根据评估结果，激活有效的响应需要较长时间，并且不确定是否能持续到需要的时间，得分为 "2"。
- 没有定期验证组织是否做好作出响应的准备，得分为 "3"。

由于问题具有诊断性和持续影响性特征，其答案可为思考如何改善状况和提出具体改进行动提供一个有效的出发点。同样是上面这个例子，可以提出如下的建议：

- 审查事件清单中为每项事件准备的响应。这种审查需定期进行，而不是仅在响应失败之后才开展。即使没有出现问题，这可能是因为该组织 "幸运"，而不是因为它已经做好了充分的准备。
- 该评估表明响应的触发（开始）和结束标准不够明确，至少在响应的次级内容方面是如此。因此，有理由对每一项计划中的响应进行审查，查看触发条件是否有明确的界定和说明，以及是否需要进行修订。同样，在响应结束标准中还应考虑何时恢复以及如何恢复组织的主要功能。若不这样做，无异于表明组织的自负。

● 如果条件产生与执行响应之间的延时过长，组织应考虑其准备是否充分，特别是资源分配是否恰当。这可能会导致我们对该组织的目标和优先事项进行重新评估。其中有些事件可能需要即时响应，有些事件则可能接受延时。但是如何决定响应延时是需要经过仔细考虑的，既要考虑到实践中的工作情况（经验或教训），也要考虑如何分配（有限的）资源。因此，我们必须对维持足够长时间响应的能力做出类似的考虑，这其中包括明确"足够长"在实践中的含义。

● 最后，组织应该查看其建立响应准备的整个过程。比如，是否依赖于仅发生一次而再也没有发生过的安全案例？是否考虑到资源（材料、能力）的需求可能随着时间的推移而改变，或者某些资源可能会恶化？是依靠检查表还是负面报告，还是主动征求直接责任人的意见？是否定期检查还是仅在严重不良事件发生后才检查响应的准备情况？

另外，如图 5.4 所示，其他 4 个问题的评分显示相应的功能是可以接受的。因此，解决这些问题似乎不那么紧迫，但任何组织都应谨记，安全是一个"动态事件"。这意味着评估的可接受结果不会自己产生，只会在付出了持续努力之后，才可以获得。关注且支持一个组织做得好的地方与改进令人不满意的地方同样重要。同样还是上面这个例子，假设同一个组织在 4 个月后又进行了评估，结果如图 5.5 所示。

这两次评估之间的差异显而易见，可以用来判定组织是否朝着正确的方向发展，以及确定具体的干预措施应集中在何处。第二张雷达图（见图 5.5）显示了已做了改进的地方和仍需改进的地方。如图 5.5 所示，以下变化是显而易见的：

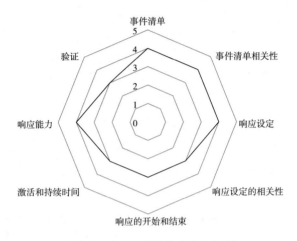

图 5.5　响应潜能评估（第 8 个月）

●用于改进响应设定的相关性的努力没有成功。这可能是因为实现改进需要更长的时间，或者是因为结果显示需要 4 个月以上的时间。

●响应的开始和结束触发标准的评估得分得到了提高，由值"2"变为值"3"。然而，仍有改进的余地，该组织需继续努力。

●在有效响应的启动速度和持续时间方面也有一些改善。然而，3 分的评分值可能并不完全令人满意，该组织需继续努力。

●最后，在如何验证响应准备方面没有达到预期的改善。原因可能与第一点（响应设定的适当性）相同。

未达到预期的改进效果一方面可能是因为所选择的干预措施不准确，另一方面也可能是因为对组织运行方式的认识过于简单。在后一种情况下，我们可能需要做出更多的努力，以便对组织的运行方式有一个合理准确的了解，下一章将讨论如何做到这一点。

如重新评估后得到的图 5.5 中雷达图所示，该组织成功地维持了其他四项功能。

5.10 诊断性问题和持续影响性问题

正如本章开头所指出的，韧性评估表中的问题必须是诊断性的，也必须是持续影响性的。诊断性体现在这些问题应具体到和聚焦于某项潜能或某一方面。持续影响性体现在能够将这些问题的答案作为提出具体行动或干预措施的基础，以此来提高相关潜能。问题的诊断性和持续影响性可以通过以下四个例子进行说明。

响应潜能

一个用于评估响应潜能子功能的问题（见表 5.3）是"我们系统地重新审查和修订了我们的事件清单和行动计划"。这个问题是诊断性的，因为其着眼于组织是否系统地重新审查了其保持响应的条件或事件。问题不仅在于组织是否准备好应对某些事件或条件，还在于它是否系统地考虑了事件或条件清单的相关性。这个问题同样也是持续影响性的，因为答案清楚地表明了应该做什么。如果清单内容达标，则组织应采取措施以确保清单仍然如初。如果清单内容不达标（或被认为不达标），则必须采取一些措施来克服这一问题，例如引入并支持一项修订清单的计划，通过在时间、人力和资源方面的优先权来确保合格的工作人员对清单进行改进。

监测潜能

一个用于评估监测潜能子功能的问题（见表 5.5）是"组织

使用了领先指标"。这个问题具有诊断性特征，因为它考察了组织是仅仅依靠滞后指标还是将滞后指标和领先指标结合在一起的问题。可以通过仔细查看所使用的指标（例如指标的初始状态及其来源、实践中记录的指标值等）来做进一步分析。同样，这个问题也具有持续影响性特征，因为一个组织完全依赖于滞后指标这种否定答案，可以将其视为考虑如何改进监测的起点。显然，这种改进必须为组织量身定制。然而，每个组织必须在一定程度上关注近期和中期的发展趋势。做好这一点可能并没有那么容易，但是知道这件事根本没做则可作为一个需要进行改变的明确警告。

学习潜能

一个用于评估学习潜能子功能的问题（见表 5.7）是"从提交报告到做出可接受响应的时间"。该问题具有诊断性特征，因为它考察了学习的一个重要条件，即在对事件仍然记忆犹新之时，且在工作条件变化很大之前提供信息或反馈。如果延时太长，几个月或几年而不是几天或几周（见图 5.3），则该信息可能不再有价值。同样，员工也可能已变化，工作性质及运营环境都可能已经发生了变化。如果在这样的情况下，对于接收响应指令的人员来说，该响应可能没有任何意义，因此，只需将其归档到活页夹中或添加到数据库中存档即可。在以上任何一种情况下，都不会产生任何有益的学习。同样，这个问题也具有持续影响性特征，因为该问题的否定答案指向了具有特定目的的补救措施：减少报告分析和制定响应方案的时间。当然，解决方案不仅仅要通过提高工作节奏或减少周转时间来实现。相反，补救措施必须在对报告处理方式、管理或行政架构、组织的优先级、适任人员的可用性等方面进行充分理解的基础上进行制定。例如，补救的重点可以放在如何编写报告和提交报告，如何处理和分析信息，以及如何记录和报告该分析。

预测潜能

一个用于评估预测潜能子功能的问题（见表5.9）是"有哪些机制可以确保将预测信息传递给组织的相关部门？"该问题具有诊断性特征，是因为它着眼于一个组织的内部沟通如何运作，特别是在涉及诸如对一个组织未来的预测和期望等"非技术性"信息时。对于分析研究的细节，我们可以采用交流的形式，如是推进还是缓和，目标受众（接收者）是什么，预测是否以目标受众感兴趣且易于理解的方式描述，频次如何？同样，这个问题也具有持续影响性特征，因为很容易在此基础上就如何改善沟通提出具体建议。在这个案例中，与所有其他案例一样，在实施这些建议之前，应从预期和非预期的效果两方面认真考虑这些建议。

5.11　如何使用韧性评估表来管理韧性表现的潜能

为特定用途开发的诊断性问题韧性评估表应制定成便于评估的格式。因此，这些问题应该涉及该组织各项绩效的具体关联或特征，或受访者非常熟悉的事件，抑或组织文件中的内容。这样做还有一个额外的好处：问题本身可以作为如何提高韧性表现潜能的基础。

韧性评估表的目的是为组织提出一个定义明确的特征（或轮廓），该特征可用于管理和开发韧性表现的潜能。通过定期使用韧性评估表，以跟踪组织的变化和发展方式。因此，韧性评估表可用于监测组织变化，这将是能够对组织表现实施有效管理的前提条件。

韧性评估表采用组合式功能来描述潜能，而不是采用单一的整体能力来描述。对于每一项功能，每一种可能实现预期改进的方法都可以从成本、特异性、风险等方面进行开发和评估。四种潜能的功能结构要素在各组织之间可能存在显著差异，因此没有固定的标准或通用的解决方案。但是，一旦对功能进行了分析并确定了目标，我们便可以应用各种众所周知的方法来进行评估。

这可以用如图 5.4 所示的（虚构的）情况来说明。例如，考虑响应的开始和结束这一功能（见表 5.2），该功能着眼于触发响应的标准或阈值是否被准确定义、标准或阈值是相对的还是绝对的，以及是否有明确的标准来结束响应并恢复到"正常"状态。

在第 4 个月的评估（见图 5.4）中，我们发现其答案是"不可接受的"。假设通过进一步的调查，表明该问题是没有一个明确的标准来确定何时重建"正常"状态造成的，那么，管理层可以以此作为具体改进或实施干预措施的基础。结果将如第 8 个月的评估（见图 5.5）所示，对同一问题的回答现在变为"可接受"。虽然这个例子是虚构的，但它表明了如何在实践中有效使用韧性评估表。

在管理变更方面，由于韧性评估表能够刻画当前状态的轮廓，它非常实用。对于这样的轮廓而言，显然细节的数量和解析度越高越好。这也是仅使用这四个潜能显得过于粗糙且不精确的原因，当然更为糟糕的是使用诸如安全文化水平或韧性水平之类的单一结构来表达。通过与其他组织的比较来管理变更其实是没有作用的，优于其他组织或成为行业领导者本身不应该作为目的，因此这也不能成为真正的管理目标。但是改变组织在预期方向上的表现应该且必须成为其目标。评估必须始终保持对象明确且具体，这也就是说，我们必须是对已知的组织进行评估。

总而言之，在使用韧性评估表时，有以下五点要牢记：

●为组织量身定制一套诊断性问题和持续影响性问题。这必须以与组织运作相关的丰富经验为基础。这种经验可以通过使用专家座谈会、讨论小组或类似的方式获得。在提出诊断性问题时，答案类别能够达成一致同样也很重要。如果一个组织的运作方式存在已知的问题，则应尝试将其包含在四种潜能中。

●建立四种潜能之间相互依赖关系的描述或模型。这对于解释韧性评估表收集的数据和制定有效的应对措施（补救措施）而言，是必不可少的。这种描述或模型必须特定于所管理的组织才有意义。虽然可以建立一个通用模型作为出发点（如第六章中所述），但该模型必须根据实际组织状况进行相应的调整。更为关键的是，该模型不仅要表达出四种潜能之间的耦合关系，还要表达出诊断性问题所评估的具体功能对四种潜能的影响机理。

●将韧性评估表应用于受访者，即应用于（一部分）实际工作者。汇总其结果，并将结果呈报给利益相关者、受访者以及整个组织。讨论结论并发现其中需要改进的地方，设计补救措施以实现改进。

●尝试与一组稳定的受访者合作，以便使他们能够成为一系列评估的同一主体。获取这些评估问题答案的目的不是了解受访者态度和观点的分布，而是要了解到他们所代表的共同观点。

●做好长期使用韧性评估表并进行重复评估的准备，而不是仅做一次测量或评估。无论绩效类型或标准如何设定，对组织运作方式的管理和变更必须在较长的时间内持续进行。

最后，我们必须承认并牢记这四种潜能与每种潜能的子功能一样（见第七章），都具有相互依存的关系（见第六章）。

第六章
由韧性评估表到韧性评估模型

韧性评估表为设计具体的韧性诊断性问题集提供了基础，但它们并不能作为现成的诊断性问题来使用。这些问题必须适用于特定的组织，因此总是需要进行一些具体说明和重新制定。

第五章概述了对评估进行量化定级以及结果呈现的一些基本原理。雷达图是一种较为简便的量化评级方法，它可以直观显示组织在给定时间点上四种主要韧性潜能的基本表现。与事故调查不同，韧性评估表在一定程度上可以看作组织日常表现的直观反映，而事故调查则是反映组织如何失败的过程。

本书前面已多次提到，韧性表现的四种潜能之间是相互依赖的。从对四种潜能的定义（见第四章）和详细描述（见第五章）中都可以清楚地解读到这一点。另外，四种潜能之间相互依赖的方式也影响着对其实施管理的方式。显然，相互独立地管理它们既不可取，也不现实。在这方面，韧性评估表的使用和韧性表现这一概念的提出使其区别于许多其他系统安全的研究方法——尤其是那些视安全文化为主导的方法。

为有效地进行组织管理，并根据某些（或某个）标准如韧性、安全性、服务质量等，来提升组织绩效，就有必要了解四种潜能之间是如何相互依赖的。基于它们的定义及其描述可以初步认识它们之间的依赖关系，但是，最好能有一种更实际或更易于操作的方式，以便为提出具体的改进措施或进行结果分析提供参考。这种方式可以表示为一个描述组织如何运作的模型，该模型所关注的不是组织的主要活动（如生产、分销或运输），而是关于组织如何控制其行为以及如何管理诸如安全、生产力或质量等方面的具体事项。

6.1 组织的结构模型

79

无论是组织结构的对外表现形式，还是组织的流程（如信息或控制）描述，都不难找到对应的组织模型。第一类模型代表的是一般的组织架构，通常用典型的层次结构模型来表示。组织的后台管理者（主管、将军）处于模型的顶端，模型的底端则是从事基础工作的一线人员（工人、士兵）。这种层级组织结构的通用模型如图 6.1 所示。模型中的组件（方框）表示不同的组织角色、部门或工作小组。它们之间通常是一种上下级的层级关系，或者谁管理谁的关系，如生产部门管理工厂经理，同时它又由总经理管理。

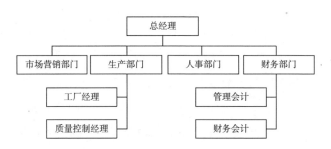

图 6.1 层级组织结构的通用模型

第二类模型表示的是组织的控制流程（如影响、领导、信息传递等）。这些模型基于标准的"输入—处理—输出"模式，有时可能会添加一两个反馈回路。如图 6.2 所示，输入由"外部环境"表示，输出由"个人和组织行为"表示。这里，模型的组件（方框）不再代表组织部门或工作小组，而是代表了控制流程的影响因素。模型展示了各因素之间的相互影响关系，但没有描述出组织的运作方式。就图 6.2 而言，模型虽然描述了"个人和组织行为"与其他因素之间的关联，但没有说明这种行为是什么，即组织的主要活动是什么。

80

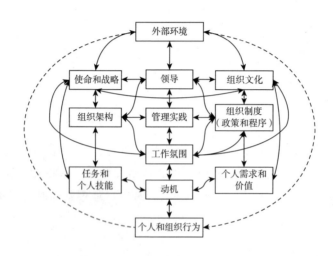

图 6.2 组织行为和变化的因果模型

资料来源：Burke and Litwin（1992）。

第三类模型是战略地图，它是战略管理系统的组成部分，其中具有代表性的是平衡记分卡（BSC）（Kaplan and Norton，1992）。战略地图是一个图表，它描述的是组织通过联系 BSC 四个层面（财务层面、客户层面、内部运营层面、学习与成长层面）目标之间的因果关系来创造价值的具体方式。如图 6.3 所示，战略地图由财务、客户、内部运营、学习与成长四个层面的目标构成，每个层面又都包含着若干个具体目标。这些目标依据不同的战略主题以垂直或水平的方式相连接。每一个战略主题都是对于组织战略如何产出预期结果的一种具体假设。

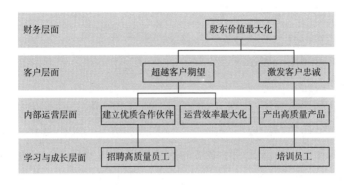

图 6.3　BSC 战略地图

传统结构模型的主要缺点是，它们通常用一些要素来描述某种固定的结构或组织，如图 6.2 中的"使命和战略""管理实践""动机"。模型通常用于识别组织的主要部分或用于显示各个组成部分是如何相互联系的。图 6.1 中的"财务部门"与"管理会计"和"财务会计"相连接，表达的是前者管理后者；图 6.2 中，"任务和个人技能"与"使命和战略"、"组织架构"和"动机"相联系；图 6.3 中，"产出高质量产品"与"激发客户忠诚"和"培训员工"相关联。但是这些联系，即图中的箭头，仅仅表示两个部分以某种方式相互依赖，而没有提供任何关于这种可能的影响或联系是什么的细节。双箭头同样存在这样的情况，虽然它们表明影响是双向的，但这是否就意味着一个方向的影响与另一个方向的影响是相反的呢？

6.2　组织运作的功能模型

另一种替代方案是搭建一个描述组织功能而不是组织构成要素（组织结构）的模型，并且这个模型能够明确说明哪些功能是相互依赖的以及它们以何种方式相互依赖。就韧性评估表而言，自然的起点就是韧性表现的四种潜能，由于它代表的是组织完成某个任务的能力，它也可以被视为一种功能。例如，响应潜能可以表示为响应功能，并由相应的功能符号来表示，其他三种潜能也是如此。

功能共振分析法（FRAM）（Hollnagel，2012）为开发关于组织如何运作的功能模型提供了一种系统的方法，起点就是将四种潜能看作四种功能。（在本书的附录部分可以找到 FRAM 的入门知识。）其基本原理是，将功能用来描述组织能做什么而不是组织是什么的问题，它说明了结果或输出是什么以及输出相应结果所需的条件。因此，对功能的描述一般包括输入和输出，但是也可能会包括其他方面，比如前提、资源、控制和时间。前提表示在功能开始之前必须得以证实的某些条件，资源表示执行功能时所需要的或消耗的东西，控制表示对功能进行的监测和调整，时间表示时间与时间条件影响功能执行的多种方式。（以下内容遵守 FRAM 的表达规则，即功能用< >表示，如<响应>，描述功能的六个方面用 [ ] 表示，如 [优先事项] ）。

功能视角下的四种韧性潜能

响应功能，对应符号为< Respond >——或更准确的是< To Respond > ，表示组织在给定情况下的行为表现。该功能的输出是组织为重新控制局势而采取的 [响应行动]，功能的实现还需要一些输入，用来表示响应的条件或触发器。在本例中，两个主要的输入是来自外部流程的 [中断] 和来自<监测>的 [警报]。（尽管在图 6.4 中没有显示，另一个可能的输入是 [新需求]，它是另外一个功能模块的输出，比如是<生产管理>的输出。）外部流程代表的是组织的主要活动以及组织运营环境中发生的事件。比如，在模型中，外部流程可以被纳入<运行主要功能>的功能模块中。

运用 FRAM 规定的格式，对响应功能< To Respond >的描述如表 6.1 所示。

表 6.1　FRAM 对响应潜能的描述

功能名称	响应
描述	组织对于当前发生或未来可能发生情况的响应能力
特征	特征描述
输入	警报；中断
输出	响应行动
前提	无
资源	无
控制	无
时间	无

监测功能，对应符号为< Monitor >或< To Monitor >，表示组织维持对内外部情况的认识和了解的行为活动。监测功能的一个重要输出是［警报］，即前述响应功能的输入，另一个可能的输出是警戒，但是，在模型的第一次迭代中暂不予以考虑。监测功能的输入是反映组织有关主要功能运作情况的指标及其量化值，如［过程趋势］，它可以用来描述组织的外部流程，对应<执行主要功能>这一功能。监测行为必须在组织的计划和管理范围之内，因此，预测功能的输出可以作为对监测功能的控制，即［优先事项］。监测的时间则用［采样频率］来描述，表示的是读取指标的频率，同时它也是学习功能的输出。

运用 FRAM 规定的格式，对监测功能< To Monitor >的描述如表 6.2 所示。

表 6.2　FRAM 对监测潜能的描述

功能名称	监测
描述	组织对于内外部情况的监测能力
特征	特征描述
输入	过程趋势
输出	警报
前提	无
资源	无
控制	优先事项；经验总结
时间	采样频率

　　学习功能，对应符号为< Learn >或< To Learn >，表示组织收集和利用可用经验的行为活动。虽然学习潜能内涵丰富，但就模型的第一次迭代而言，用一种功能来对其进行描述也是合理的。它的输入是响应功能的输出，即［响应行动］。组织通常会通过对［响应行动］的评估来确定响应的成功程度；尽管大多数评估工作针对的是响应未达到预期效果的情形，但是在响应进展顺利时进行评估也同样重要。学习功能的输出是［经验总结］，它既可能是预测功能的输入也可能是监测功能的控制；另一个可能的输出是监测功能的时间，即［采样频率］。

　　运用 FRAM 规定的格式，对学习功能< To Learn >的描述如表6.3 所示。

表 6.3　FRAM 对学习潜能的描述

功能名称	学习
描述	组织从经验中学习的能力
特征	特征描述
输入	响应行动
输出	经验总结；采样频率
前提	无
资源	无

功能名称	学习
控制	无
时间	结果的延迟

最后一项是预测功能，对应符号为< Anticipate >或< To Anticipate >，表示组织考虑未来可能发生事件的方式。该功能一个重要的输入是［经验总结］，对经验总结的进展可能顺利也可能失败。它的结果或输出可能是前面已经提到的［优先事项］，反过来可用于指导或控制监测功能。

运用 FRAM 规定的格式，对预测功能< To Anticipate >的描述如表 6.4 所示。

表 6.4　FRAM 对预测潜能的描述

功能名称	预测
描述	组织对于未来可能发生事件的预测能力
特征	特征描述
输入	经验总结
输出	优先事项
前提	无
资源	无
控制	无
时间	无

除<响应>、<监测>、<学习>和<预测>外，模型的第一次迭代还引入了<运行主要功能>和 <重新控制>两个背景功能。两个功能的引入合情合理。作为背景功能之一，<运行主要功能>表示的是组织的实际运营或生产活动，如产出实物产品或提供服务；作为另外一项背景功能，<重新控制>表示的是响应功能输出的具体活动，旨在恢复对于当前局势的控制。这两个背景功能的基本

85

原理是与前述四个功能的六个特征构成"上—下游"的关联，使定义的每个特征都能与其中某个功能的一个特征（输入、输出、前提、资源、控制、时间）相连接。并且 FRAM 规定，每一方面都必须至少关联到两种功能。必须至少有一个功能的<u>输出</u>特征需要被描述，并且该输出要至少关联到另一功能的任意五个特征（输入、前提、资源、控制、时间）之一。

在 FRAM 框架下，这两个新功能最初都被用作背景功能，描述如下（见表 6.5 和表 6.6）。

表 6.5　FRAM 对<运行主要功能>的描述

功能名称	运行主要功能
描述	满足需求是通用的背景功能，它可能会在正常的生产活动之外产生响应的需求
特征	特征描述
输入	无
输出	中断；过程趋势
前提	无
资源	无
控制	无
时间	无

表 6.6　FRAM 对<重新控制>的描述

功能名称	重新控制
描述	响应行动实现了对于组织系统的重新控制，体现为组织内部或外部的发展
特征	特征描述
输入	响应行动
输出	无
前提	无
资源	无

续表

功能名称	重新控制
控制	无
时间	无

通过引入这两个新功能，就完成了模型的第一次迭代。从功 86 能视角对四种韧性潜能的简单分析结果如图 6.4 所示。在 FRAM 中，功能用六边形表示，它以图形化的形式展现了四种功能（代表的是四种韧性潜能）之间的相互依赖方式，这是了解组织如何运作的第一步。即使是最为基础的韧性模型也能清楚地表明将四种潜能分开管理是不可取的。任何调整或改进的建议都必须考虑一个功能或潜能的改变对其他功能或潜能的影响。以监测功能为例，假设表 5.4 中一个或多个（一般情形）诊断性问题的答案都表明改进监测的方式是迫切需要的，这种改进可以通过改变监测频率或灵敏度的方式来实现，也可以通过修订监测所关注的指标列表来实现。而指标列表实质上就是预测功能的输出，即［优先事项］，因此对监测功能的改进应同时考虑预测功能的运作方式。

在图 6.4 中，FRAM 模型包含的功能由四个六边形表示，背景功能用带阴影的方框表示。其中每个功能都由事先定义的、影响其运作方式的六个特征来描述，表示为：输入（I）、输出（O）、前提（P）、资源（R）、控制（C）和时间（T）。值得注 87 意的是，没有必要描述每个功能的所有特征。为了展示 FRAM 的系统特征，基础模型主要描述了四种韧性功能的输入和输出。以此为基础，可以开发出更为详细、更富有韧性的功能模型。

6.3 功能模型的进一步开发

通过更为详细地思考组织的韧性功能，FRAM 基础模型可以

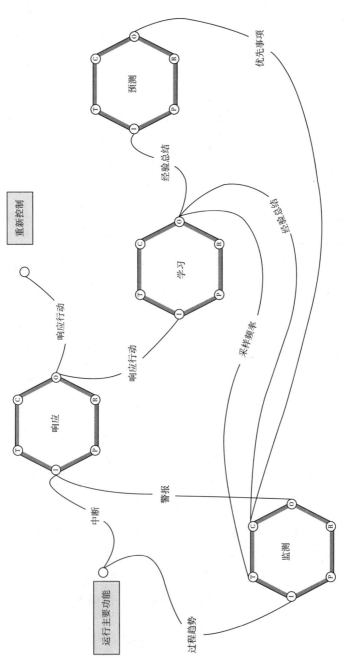

图6.4 基于FRAM的韧性潜能基础模型

得到进一步开发，这就需要考虑是否要加入一些附加功能。如前所述，即使是模型的第一次迭代也额外加入了两个背景功能。（为了避免读者担心这所导致的后果，该方法中有一个内置的停止规则。）以学习功能为例，我们对如图 6.4 所示的基础模型进行扩展，考虑模型的系统性和整体性，其他三个功能也必然随之扩展，这将留给读者作为练习，在此处不做过多论述（图 6.6 提供了一个可能的参考方案）。模型的进一步开发可以从功能的任一特征入手，原则上六个特征并没有固定的先后顺序。

　　● 输出：<学习>功能的主要输出是［经验总结］，是用来描述不同类型学习成果的通用术语，如总结哪些方面做得好或哪些方面做得不好，或是探讨经验效用最大化的有效方式（如组织设计、上级指令、教育培训、沟通交流等）。对于模型开发而言，有意思的是，<学习>功能的输出能与其他哪个或哪些功能构成因果关联。可能首先想到的是，［经验总结］可以是<监测>功能的控制和<预测>功能的主要输入。但是［经验总结］也可能是<更新指标列表>和<更新或修改响应和监测>两个功能的输入。其中，<更新指标列表>可以运用［经验总结］生成一组［关键绩效指标］，反过来控制<监测>功能；<更新或修改响应和监测>可以使用［经验总结］生成［计划和程序］来控制<响应>功能，也可以通过产生［监测策略］来控制<监测>功能。此外，如前所述，<学习>功能还有一个重要的输出是［采样频率］，它能够用于确定<监测>功能的执行频率。

　　● 资源：学习功能的执行需要有一些可用的资源，一般指的是［人员和设备］。当为特定组织开发模型时，则需要更精确地描述资源种类。这些可用资源的来源可能是一个或多个其他功能的输出。本节中，我们假设资源是由<管理组

88　织能力>生成的。需要注意的是，任一方面的来源缺失都将导致模型的不完整，在实际操作中要规避这种情况的出现。

　　●控制：组织的学习模式必须是系统的、有计划的，因此需要予以控制。对于<学习>功能的控制一部分是［学习策略］，它描述的是什么时候学习以及如何学习，另一部分是［业务策略］，用于设定学习的优先顺序。前者可以作为<确保运营就绪>的输出，后者可以作为<制定业务策略>的输出。<确保运营就绪>和<制定业务策略>最初都是模型中的背景功能。此外，［业务策略］也可以是预测功能的输出。

　　●时间：为了避免学习对象会随着时间发生改变，理想情况下，学习应该在系统运行稳定时进行。因此，为了使学习更加有效，必须对其限定时间来确保它不会发生在系统稳定状态确立之前。时间条件与［结果的延迟］有关，因此可以是<达到平衡状态>的输出，该功能表示的是组织解决瞬态扰动并恢复平衡状态的能力，在模型中仅作为表示下游功能的来源符号而不需要进行描述和分析。

　　●输入：<学习>功能的输入主要来自对特定事件的［响应行动］和［过程趋势］。其中，［响应行动］是<响应>功能的输出，［过程趋势］是<运行主要功能>的输出。

　　很多功能都需要设定一些前提条件，即功能执行前需要满足的基础条件。在本节的示例中，我们假设<学习>功能不需要特殊的前提条件。

　　总之，对基础模型的扩展表明<学习>功能不仅与其他三个主要功能耦合，而且还与九个尚未定义的功能相互关联、相互影响。这九个新功能描述了<学习>功能的输出与何相关联，以及<学习>功能的其他特征来自何处。如图6.5所示即为<学习>功能的进一步开发，或更准确地说是更为详细的FRAM模型的第一次迭代。

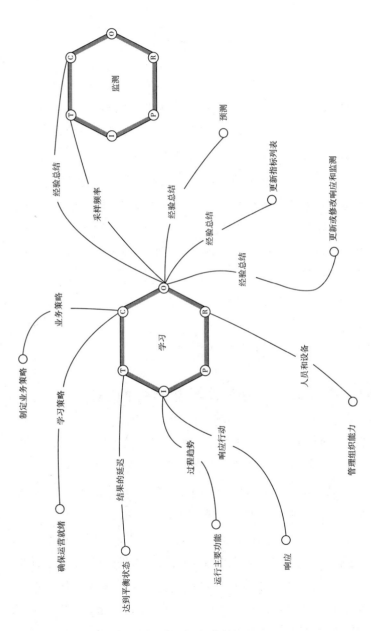

图6.5 学习功能的FRAM模型

6.4 完整的韧性评估模型

其他三种功能<响应>、<监测>、<预测>也可以采用相同的分析过程。对于每项功能，应该仔细考虑其输入、输出、前提、资源、控制和时间之间存在的可能关联。这有可能会导致定义其他很多功能，使模型趋于完善。完整的建模过程参见本书附录。图6.6给出了一个完整的韧性评估模型的示例，虽然这可能并不90 是用来表示四种潜能如何相互依赖的最终模型，但它确实为组织如何开发和维持韧性潜能提供了一个完整的、形象的分析模型和一套基础的评估方法。图6.6表示的之所以是韧性评估的通用模型而不是最终模型，是因为模型描述的仅仅是一些"常识性"的依赖关系，并没有针对某个特定的组织，这些"常识性"的依赖关系通常是建立在实践经验的基础之上。而实际中对于韧性评估表的应用应该基于特定的FRAM模型。

6.5 韧性潜能的通用模型

图6.6的FRAM模型描述了四种潜能在功能视角下的相互依赖关系。由于仅仅是通用的韧性潜能评估模型，它无法代表实际评估出的组织韧性潜能水平，更不能成为建立模型或描述组织的一般标准，抑或是实际中组织管理的执行标准。

若想对管理实践提供参考，则需要分析特定组织的具体情况，从而为模型的进一步开发提供更为具体翔实的描述。正如诊断性问题的提出必须对组织进行"量身定制"，功能模型也是如此。

尽管如此，即使是韧性评估的一般模型，它也能对组织设计韧性潜能管理方案或干预措施有所帮助，具体的方案制定可以从思考每种潜能执行功能所需的条件或从思考每种功能的次要或衍

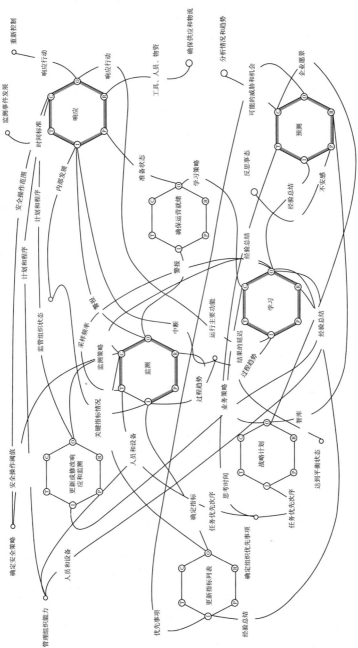

图6.6 韧性潜能的FRAM模型

生后果两方面入手。综观整个模型，我们不难发现，试图单独管理四个功能的任意一个或是逐一管理每个功能的任一方面都是不可取的，甚至可能是低效的。此外，由于模型刻画了韧性潜能实现的依赖关系以及这种关联的重要程度，它也可以作为定义和改进特定诊断性问题的基础。

第七章
开发韧性的潜能

改变一个组织的绩效绝非易事。首先面临的挑战是要了解一个组织是如何进行"内部"运作的。为了改善组织绩效，甚至仅仅是为了管理组织绩效，必须有一个特定的组织模型能够对不同的组织过程或共同产生组织绩效的"机制"进行简单的描述。大多数模型在这一方面都存在不足，一是因为它们往往适用于一般的而不是特定的功能描述，二是因为它们很少对模型的内部依赖关系进行详细的解释或描述。通用模型一般都是简单的流程图模型，很少有关于流程性质的详细说明，并且模型的各个组成部分通常被组织为一种层次结构或网络（见图 6.1 和图 6.2）。具体的模型通常指的是组织结构图，它显示的是不同角色和部门之间的关系，而不是组织的实际运作方式。即使是这样的具体模型，人们也很难借此来理解组织变化所带来的潜在后果，因为推理过程通常局限于简单的一阶效应（例如常见的因果关系），并且很容易忽略由二阶效应和不同寻常的相互关联所引起的间接的、难以预测的后果。此外，在各部分之间存在简单线性依赖关系的模型中，也很少提到一个组织是如何运作的，而以这种模型作为组织计划和管理变革的基础基本上是无用的。

还有一个更严重的障碍，是要了解究竟是什么因素决定了组织的运行，以及相对于诸如"安全""质量""生产力""客户满意度""确保可用性"等标准，这些因素的影响作用如何。显然，这与第一个挑战是有一定联系的，特别是如果组织模式超越了简单的结构，涉及了"原因"和"机制"等问题。对决定组织绩效的因素的理解是至关重要的，因为这是管理和控制的必要条件。20 世纪 50 年代，控制论提出"必要变化定律"（Ashby，1956）。必要变化定律与调节或控制相关，表达的是控制手段的变化形式应与被控制系统的变化形式相匹配的原则。因此，如果调节器的多样性不如系统，就不可能进行有效的控制。有学者将此表述为"系统中每一个好的调节器都必然是这个系统的一个模型"（Conant & Ashby，1970）。

92 　　一个组织的运行状况显然与组织内个体的表现密不可分。定义组织的方式有很多种，但有一点可以达成共识，即组织是一群为追求共同目标而一起工作的人。（事实上，如果没有人，只有实体结构，例如一个空的工厂，也就没有组织绩效。）通常情况下，人们的组织方式要有利于目标的实现和正在进行的活动。一个组织的目的是管理各单位或团体之间的职能和责任，以最佳方式分配资源，并随着时间的推移监测和调整绩效。因此，组织的绩效在根本上取决于组织成员的表现。

　　由此而导致在"如何改变一个组织的绩效"的问题上出现两种不同的立场。一种观点是，人们做什么由组织或组织的核心层所决定，最明显的是组织文化或其多样性。在这种逻辑下，通过改变组织文化，特别是安全文化，人们的绩效可以得到最好的改变。解决方案是把重点放在组织上，并致力于改变组织。另一种观点认为，组织的绩效应该理解为组织中个人绩效的累积或综合效应。在这种情况下，可以通过直接改变个人的绩效来改变组织绩效。

　　当然，还有一种观点是，一个组织的绩效和个人的绩效是密不可分的，因此，只讲其一不讲其二是没有意义的。这也是韧性工程的观点。

7.1 改变组织文化

把组织文化作为一个关键问题来关注，可以将其视为一个整体来进行相关思考和推理。用单一因素或原因来解释组织绩效并致力于改变组织绩效非常便捷。如果组织文化是其中的主要原因，那么通过改变组织文化来改变实践活动一定比使用其他方式更有效（而且也会更简单）。这就是安全文化之旅理念背后的基本原理，通过努力改变人们的态度——赢得他们的"情感认同"（H&M）来实现安全（Parker，Lawrie and Hudson，2006）。不幸的是，这种方法所谓的成功是基于一个错误的类比。"H&M"取自一场戒烟运动（Prochaska and DiClemente，1983）。从根本上说，吸烟是一种个人行为，基本不具有规律性和可约束性，因此改变这种行为的可能性很小。（"H&M"被认为可能与所拥护的价值观相契合。从这个意义上说，它可能有一定的合理性，但这不是支持者所主张的。事实上，他们并没有将其视为一个综合问题，而是坚持整体性思维的便利性。）

"H&M"的类比有问题，因为它太简单了。吸烟或不吸烟是一种简单的、二选一的活动。吸烟或不吸烟的决定就是简单的做或不做的问题——即使考虑到社会压力的存在。人们做出的决定是基于个人偏好或态度。因此，如果态度改变了，人们就不会再吸烟了。

这种类比举例是具有误导性的，因为日常工作不能归结为"决定是否要做某事"的问题。日常工作中几乎没有二选一的选择问题。实际上，它更多的是为做某件事创造机会或提供选择，尽可能地了解更多情况以明确接下来该做什么，就像是自然的、基于自我认知而做出的决策。问题不在于是否要做，而在于如何去做。进一步讲，弄清楚如何做某件事是一系列连续事件的一部分，而不是一个独立的行动（比如点燃一支香烟）。吸烟算不上是工作的一部分，而属于工作的中断。但是，日常工作中的行为和工作步骤，本质上都是某件事的一部分，并不孤立存在。

这就是 H&M 类比失败的原因。同样的道理，其他任何依赖于整体推理并假设单一主导因素的方法或解决方案也会失败。我们的工作行为不仅是由态度和信念决定的，甚至在很大程度上并不是由此决定的，而是由工作的实际需要所决定的。因此，如果想要改变人们的行为，我们不应该依靠改变他们的情感认同（H&M）作为主要的解决方案。我们可以通过改变工作的决定因素和行动原因，来改变人们做事情的方式。这些决定因素和行动原因可能是需求和资源的平衡、工作场所或工作界面的设计、支持或阻碍活动的方式、程序或指南中的规范，以及社会期望和态度，但绝不仅仅是态度。事实上，人们可能假设态度会随着实践而改变，而不是实践会随着态度而改变。

7.2　改变实践行为

除了改变组织文化，另一种选择是改变实践行为。一种方法就是把注意力集中在个人身上，研究是什么导致了他们的所作所为。这点在第三章中已有讨论，其中介绍了一些关于（组织中）个人行为的理论。

94　　由于人们会反思他们所做的事情，实践行为的改变也会逐渐导致态度、拥护的价值观和假设的改变。其优点是，改变实践行为比改变态度和价值观容易得多，而且更容易直接观察是否有效。在构建韧性潜能的过程中，改变发生在个人及其组织做出响应、监测、学习和预测的过程中。

然而，个人的表现受情形、操作条件和社会环境的影响。改变个人表现的基础是认同他对自己表现、对周围人（工作小组或密切合作者）的表现以及对组织表现的理解。在任何情况下，一个人都会做他/她认为正确的事情以确保得到预期的结果。结果之一就是形成了所开展活动的实际后果。但也有其他情况，如接受同事、同行或领导的建议。通常人们会尽量避免与规定的行为表现相冲突，除非他们有意伤害他人或灌输恐惧。"他人"可能会超越社会群体，包括组织的高层，甚至可能代表"组织"本身。当然，在后一种情况下，它将是人们想象出来的响应而不是实际的响应。从某种意义上说，一个人对其响应的想象或期望就是其所拥护的价值观的反映，因为他们所响应的是"我们在这里如何做事"的一种公认准则——正如安全文化的一般定义。对组织绩效的理解，恰恰是指组织所具有的共同价值观（共用的基本假设），因此，这可能是与组织文化的概念最接近的概念。当单独理解个人绩效时，可以指其自身的目标和期望，但放置于组织这一更大的整体和共同利益之下，其所指代的必须是某种共同的价值观和共同规范。社会规范不仅是每个人在自己的权利范围内所做事情的参考，也是人们期望他人所作所为的基础。

7.3　第三种方式

人们很容易想到的简单替代方案之一是个人绩效是否可以通过组织文化、安全文化或韧性文化来改变，另外一个方案是组织文化是否可以通过个人绩效来改变。然而，这两种方案都过于简单，不具有说服力。正如第三章总结的那样，为了改变人们的行为而改变组织文化是不够的。事实上，安全文化或其他任何单一因素都不足以让人信服。整体性思维在认知上很契合，但也非常不准确。组织文化不是单一的或统一的概念，至少需要区分三个层次：表面的物质文化、拥护的价值观和共同的基本假设（Schein，1990）。应该将组织文化视为这些因素的交集，而不是单一因素（见图7.1）。

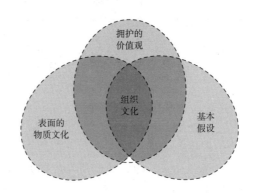

**图 7.1　组织文化是表面的物质文化、拥护的价值观
和基本假设的交集**

　　如图 7.1 所示，可以将组织文化表示为表面的物质文化、拥护的价值观和共同的基本假设的交集，因此它是一种复合概念而不是单一概念。但图 7.1 并不是组织文化的模型，因为它没有说明组织文化的三个组成部分是如何协同工作的。因此，它不能直接作为组织计划和管理变革的基础。

　　根据第五章的论证，可以将四种韧性潜能作为构建组织韧性表现通用模型的起点，用来说明一个组织如何以一种有韧性的方式运行。这种通用模型描述的是组织如何维持其整体运行的模式，而不是组织做什么或提供什么（如医院、咖啡店、渡轮、超市或石油钻井平台）。因此，它必须补充或结合一个关于组织如何管理其主要活动的模型。虽然使用第六章中给出的通用模型之一就能实现该目的，但最好还是使用 FRAM 模型。

7.4　"功能失调"和具有
"韧性"的组织

　　作为一个组织，如何开始构建其韧性潜能，可以思考两个极端案例：一个运行糟糕即"功能失调"的组织和一个运行良好即具有"韧性"的组织。

●　将一个以常规方式开展业务的组织作为第一个例子的代表，该组织对韧性绩效的唯一"要求"是，当意外事件发生时，能够做出响应。这样的组织可以是理想化的组织，比如一家"实力雄厚到不可能破产"的金融机构，但它也不可能长期存在，除非它存在于一个近乎稳定的运营环境中，在这种环境中，常规的应对措施就足够了。一个功能失调的组织总是以一种刻板的方式做出响应。它没有监测、学习或预测方面的潜能。缺乏有效的监测意味着当事件发生时，它从未做好准备，因此每件事都出乎意料。因为运营环境是稳定的，组织可能会一点一点地适应意外事件，自发地了解需要哪些响应。然而，一个不会适当学习的组织，即使像条件反射一样变得更善于执行一系列基本响应，也只能局限于最初的一套响应行动。响应的潜能是最基本的，因为一个组织如果不能有效地响应，迟早会灭绝或"死亡"。

●　第二个例子是一个有潜能做出响应、监测、学习和预测的组织。一个"有韧性"的组织会以有效且灵活的方式做出响应：它会意识到组织内部和运营环境中发生了什么、可以从过去的经验中有效地学习、可以考虑可能的条件甚至预测未来的情况。此外，这样的组织还能够以可接受的方式做好所有这些工作，并适当地管理所需的资源。该组织从不满足于现状，因为它意识到未来是不确定的，拥有一种持续的不确定意识其实也是一种优势。

基于这两个极端案例，我们需要考虑一个关键问题：一个组织如何才能在实践中提高其韧性潜能，且不会导致功能失调。有一种观点认为，既然有四种潜能需要考虑，那么就尽可能地开发它们。但这就提出了一个问题：是应该同时、同步地开发，还是应该一个接一个地开发以及是否有一个开发的优先顺序。实际上，同时考虑开发这四种潜能是不可能的，因为这将需要大量的人力和财力资源，并且四种韧性潜能都是不同的，其增长或发展

97 速率也各不相同，此外，它们的相对重要性取决于组织特性。随机处理它们似乎也不合理，因为它们之间存在相互依赖或耦合关系（见第六章和图 6.4）。在这种情况下，相互依赖不是一种限制，而是一种优势，因为可以以此提出相关策略，来开发组织的韧性潜能，这种策略比其他任何策略都更明智，因此也更有效。

在最坏的情况下，韧性潜能的开发必须从一个功能失调的组织开始，这个组织仅具有响应潜能，而不具备其他三种潜能。事实上，我们可以想象一个更极端的情况，即一个不受周围环境影响的惰性组织。虽然这两种类型的组织在理论上都是可能的，但在实践中都不太可能找到。为了生存，一个组织必须具备基本的监测能力。而在另一种组织类型中，尽管存在可行且有效的替代方案并且不受环境影响也不与组织的自身利益相悖，但该组织仍然一直重复同样的行为。尽管听起来不可思议，但这样的组织在历史上一直存在，甚至今天仍然存在（Tuchman，1985）。

7.5　开发监测潜能

韧性潜能的开发起点不能是一个无法响应的组织，因为这样的组织需要更严厉的措施。起点必须是一个能够做出响应并因此能够生存下去的组织。当然，提高响应能力总是有可能的。即使在运营环境稳定且完全可预测的情况下，响应的潜能也可以根据响应的速度或通过微调触发条件来改进。但是，当运营环境不能完全预测（通常是这种情况）时，响应潜能主要取决于监测方面

的潜能。与其狭隘地专注于加强和改进组织的响应潜能，更好的
策略是开发监测潜能。监测使组织能够追踪运营环境的变化，并
在变化发展到足够大直至需要做出响应之前发现这种态势变化和
干扰。一方面，这将使该组织为响应做好准备，例如通过重新分
配内部资源或改变其运作方式，关闭或激活一些服务；另一方
面，可以促使组织在情况恶化之前，对即使是微弱的信号也能做
出响应。在事件发展的早期阶段进行响应通常只需要更少的资源
和时间，尽管这样做也会带来风险，即响应可能是不适当的甚至
是不必要的。针对"即使在不需要的情况下也开始响应"这一问
题，最有效的方法是避免误报；针对"需要响应却没有做出响
应"这一问题，最有效的方法是避免遗漏误报。即使是承担这些
风险也比组织只在被动模式下运行更可取。

被动调整和主动调整

98

判断一个组织是否具有韧性的关键是考察它是否具有调整其
运行方式的能力。原则上，调整可以放在事件发生之后（对反馈
做出被动响应），也可以放在事件发生之前（前馈控制），基于计
算和假设来推断短期或长期内将会发生什么。

最常见的是被动调整。例如一个社区发生了火灾或爆炸等重
大事故，当地的急救人员会改变他们的工作状态，并为可能随之
而来的许多不同类型的后果做好准备。然而，在事件发生时做出
的响应不足以保证组织的安全和生存能力。其中一个原因是，一
个组织只能对有限的事件或条件做出响应，或是通常只能在有限
的时间内做出响应；另一个原因是，如果等到需求明显时才做出
响应，这可能会扩大损失。

主动调整意味着系统可以在发生任何事件之前从正常运行状
态变为高度准备状态。在准备状态下，组织将资源进行提前分配
以满足预期事件的需要，并可能激活特殊功能。航空领域的一个

例子是，在飞机起降前、颠簸中以及在龙卷风或飓风袭击某一地区前，都要求乘客提前系好安全带。在这种情况下，未来事件就变成了常规活动的结果，甚至可能是被计划好的活动，因此具有很高的可预测性。在其他情况下，从正常状态转变为准备状态的标准可能不太明确，要么是因为缺乏经验，要么是因为未来不确定，要么是因为指标的有效性值得怀疑，要么是因为危险信号太"微弱"。

备选方案：优先开发学习潜能而不是监测潜能

在开发监测潜能以有效加强响应潜能的同时，还必须考虑作为"第一步"的另外两种可能性，即开发学习潜能和预测潜能。当然，学习对于响应是很重要的，因为只有通过学习，响应才会与运营环境的特征相匹配。虽然学习可以使响应更加灵活，但缺乏监测仍然会限制一个组织的响应能力，存在响应太迟以及无法适应周围环境变化的风险。将学习潜能置于监测潜能之上暗含着一种观点，即认为未来发生的事情主要是过去所发生事情的重复。对于那些只从事故中吸取教训、坚持"发现并修复"策略的组织来说，这是很典型的情况。一旦确定了原因，修复某些东西显然只有在运营环境保持不变的情况下才会产生预期的效果。只有保持高度的准备状态才能弥补无效的监测，这意味着即使情况完全不同，也要经常为可能发生的事件保留资源和能力。仅仅通过优先开发学习潜能而不是监测潜能来提高响应潜能也会产生成本，从长远来看，这会使该方法弄巧成拙。

备选方案：优先开发预测潜能而不是监测潜能

将预测潜能置于监测潜能之上优先开发也不是一个好的选择。对未来发展和变化的预测确实可以作为提出新的响应措施（和能力）的基础，但如果监测无效，响应模式仍显被动。就像优先考虑开发学习潜能而不是监测潜能的情况一样，只有在外部环境非常罕见的情况下，优先开发预测潜能而不是监测潜能才是合理的。考虑以下几个例子，如生产稳定的公司，在面积广大且分布均匀的煤田中运作良好的煤矿，历史上畅销产品的生产线等。在这种情况下，现有的一系列响应和监测可能都是充分的，无论生产什么，都可以稳定地进行下去。基于此，更可取的做法是预测市场是否会发生变化、是否会出现新的客户需求和监管方面的变化，而不是进行监测。

7.6 开发学习潜能

对于一个已经具备响应潜能和监测潜能的组织而言，下一步是关注学习潜能，同时仍需关注响应潜能和监测潜能。开发学习方面的潜能是十分必要的，因为组织的运营环境总是不断变化，这意味着总会出现新的条件或意外状况。重要的是要从中学习，特别是要寻找能够提高响应潜能和监测潜能的规律。另一个重要的原因是，组织做出响应的能力总是有限的。组织不可能也负担不起为每个事件或每一组可能的条件做好响应准备。这意味着一个组织时不时地会发现自己处于一种不知如何应对的境地。显然，组织必须从这些情况中学习，评估它们是独特、罕见的情况，还是可能会重复发生并可加以利用来改进响应潜能和监测潜能的情况。从进展顺利的响应中学习也同样重要。组织可以利用这些经验来优化响应的准确性、响应时间、被监测的线索或指标等。但如果只满足于进展顺利的事情，就很容易错过做出改进的重要机会。

备选方案：优先开发预测潜能而不是学习潜能

虽然在这个阶段开发学习潜能比开发预测潜能更有意义，但是也可能会考虑另一种选择，即优先开发预测潜能而不是学习潜能。反对这种顺序的一个理由是，有效的预测取决于学习。预测是一种"有原则的想象"，用来考虑未来可能发生的情况。预测应考虑到市场条件、新的监管要求、新技术、政治动荡、自然和环境灾害、流行病等的可能变化。然而，如果没有学习潜能，"想象力"就有可能变得毫无章法，或者说缺少评价的标准。由于通过预测潜能来管理组织无论是在业务上还是在安全方面都需要承担风险，那么将预测潜能置于学习潜能之前优先开发就可能不是一个好主意。

7.7　开发预测潜能

当一个组织能够进行响应、监测和学习时，剩下的就是开发预测方面的潜能。预测的价值在前文中已经讨论过了，它不仅是对当前形势的推断，还可以用于增强监测潜能（建议寻找哪些指标和优先领域）、响应潜能（概述可能的未来情景）和学习潜能（确定不同经验教训的优先次序）。学习可以用来提高响应潜能，选择适当的指标和线索，还可以磨炼想象力，为预测提供基础。监测主要用于提高响应能力（提高准备程度、做出预防性响应）。响应则可以提供改进学习和预测潜能所必需的经验。

7.8　选择如何开发韧性潜能

这意味着一个组织想要提高其韧性潜能，就必须谨慎地选择如何开发以及何时开发这四种潜能，是专注于开发一种，还是多种同时开发。这就是韧性评估表可以发挥作用的地方。一个组织必须首先确定其四种潜能的表现如何，通过仔细评估每种潜能的功能，然后计划如何对其进行开发。在这样做的同时，必须考虑到四种潜能之间的相互依赖关系，以及采用什么方法最合适，具体可参考第六章。在某些情况下，可以通过技术改进，如使用更好的传感器或更有力的分析测量方法，来开发潜在的功能。在其 101 他情况下，人为因素或组织关系可能更重要。最终可能会有这样的情况，即态度甚至安全文化都具有辅助价值。

开发韧性潜能意味着建立和培养一套符合安全-II 的安全观念，它强调的是关注组织如何维持稳中向好的运作状态比关注如何减少组织失败更为重要。换句话说，这种态度鼓励人们思考和专注于正确的事情，而不是错误的事情；引导人们注意那些本来看不见的事情，努力把事情做得更好，而不是防止做错事情等。

在设定目标方面，韧性工程并没有规定最终的解决方案。相反，每个组织都需要决定在多大程度上开发其韧性潜能，以四种潜能的不同水平来表示。这是一种务实而非标准的选择，在很大程度上取决于组织的工作内容和工作环境。当然，这也取决于一个组织对未来的预测能力和对未来的准备程度。与埃德加·沙因所定义的安全文化的概念（参见第三章）不同，韧性潜能没有上限。响应、监测、学习和预测总是可以改进的，就像一个组织总是可以在生产力、安全、质量、客户满意度等方面实现不断地提升一样。

7.9 管理韧性潜能

在传统的整体性思维中，安全通常被称为单一的概念或特性。这就形成了一些固化的概念，比如"安全文化"、"安全管理"和"安全管理体系"等，并假设改变这些就会带来预期的结果。

安全管理体系通常会强调某单一问题，不仅是在判定安全与否的表现形式上（故障或缺乏安全性），在方法论上也是如此。

从安全-I 的角度来看，安全管理的目的是减少或尽可能消除不良后果，因此，该方法必须基于对不良后果发生情况的理解。因果信条的第二原则暗示了因果之间的价值一致性，基于此，一个不利的影响必然是由一个不利的原因引起的。因此，了解失败和故障的发生过程就变得至关重要。正如许多地方所描述的那样，对于失败和故障原因的解释呈现从技术到人为因素、再到组织和安全管理演进的趋势。

通过提高韧性来提升安全水平的建议着实具有一定的吸引力，因此，从技术或组织层面提出的各种实现韧性的方法也得到了一定的认同。然而，这种尝试注定会失败，原因很简单：韧性不是一种单一的概念、属性或能力。正如第二章所述，没有一种单一的属性被称为韧性，询问一个组织是否具有韧性或是否为韧性组织是没有实际意义的，因此，也就不存在维持或者提升组织韧性的方法。更具有参考性的观点是，我们认为组织具有实现韧性表现的潜能，而这些潜能是需要且可以进行管理的。其中主要的不便之处在于，我们最终认可的是"管理实现韧性表现的潜能"或简述为"管理韧性潜能"（management of resilience potentials）这样的表述形式，而不是如"韧性管理"（resilience management）这种听起来不错的术语。

相反，我们必须考虑如何维持或提升四种潜能，使其能够为组织的正常运行或不同功能的实现提供支持。如本章前面所述，这并不需要同时关注这四种潜能。以寻找提高组织监测潜能的方法为例，我们必须时刻谨记四种潜能是以一种非同寻常的方式耦合在一起的，因此需要同时考虑到监测潜能依赖于什么样的输入或前提，功能的实现需要什么资源，以及监测潜能的变化将如何影响其他三种潜能。第六章概述了四种潜能之间的一般依赖关系，但在针对特定的组织进行分析时，则需要对这种依赖关系进行更为精确的描述。

7.10 使用韧性评估表

韧性工程并没有规定四种潜能之间应始终保持怎样的平衡或比例关系。对于"平衡"的认知必须是建立在对组织应具备什么功能以及它在多大程度上能够实现这些功能具有足够经验的基础之上。对"平衡"的认知依赖的是一定的知识或不同活动领域的经验积累，因此不可能提出一个"标准"值。例如，对于消防队而言，能够快速做出响应比预测更重要。对于一个销售组织而言，预测潜能可能和响应潜能同样重要。但韧性工程理论也确实阐明，一个组织在某种程度上拥有这些潜能是必要的，这样才能实现组织的韧性表现。从传统意义上讲，所有组织都会在响应潜能上付出一些努力。许多人还投入了一些精力去挖掘学习潜能，尽管这通常是一种非常刻板的方式。在长期稳定的情况下很少有组织持续地进行监测。也很少有组织会认真考虑预测潜能。

总之，如第五章所述，在使用韧性评估表时需要记住四个要点：

● 针对特定组织的四种韧性潜能，分别开发出不同的诊断性问题和持续影响性问题。

● 为特定组织四种潜能之间的功能耦合开发出相应的功能共振模型，以此来描述组织的主要功能。

● 建立一个核心小组，由对组织运行十分熟悉的受访者组成，并与受访者保持稳定的合作。

● 使用韧性评估表对组织表现进行定期评估，应用评估结果来管理和提高组织的韧性潜能。

诊断性问题应包括与员工绩效和组织绩效特性相关的问题。因此，使用韧性评估表就是前文所述的第三种方法（见第 7.3 节）。

第八章
安全的演变

很容易理解，在历史上为何会将安全与免于危害或伤害联系在一起。当我们遭受伤害时，无论是个人、团体还是社会，都会受到关注，因为这是意料之外的、不寻常的，并且会导致不适、痛苦，甚至遭受到生命或财产的损失。所有生物都会对有害的刺激作出反应，而人类的反应不仅是生理上的，还是心理和社会层面上的。众所周知，当我们遭受伤害时，会努力寻找并理解其原因，努力对情况进行分类，这样我们就能记住它们，并学会去识别它们。我们是以个人、团体和社会的身份开展这样的工作。由于其生存价值是无可争辩的，安全工作一直侧重于消除或预防危害和风险也就不足为奇了。安全工作在很大程度上是被动的，甚至必须是被动的，这并不奇怪。每当出现问题时，自然的本能就是立即做出反应，通常是通过摆脱危险的方式进行反应。因此，大多数安全范例都是从不良事件开始的，随后，对损害程度进行评估，试图确定原因，寻找解决方案，并最终（尽可能）确定方案能够带来理想的效果后，实施该解决方案。

对于经常发生的事件，人们所渴望的"免于不可接受的风险"通常可以通过五种不同的方式来实现，这些方式可以是单独的，也可以表现为组合形式（见表8.1）。第一种也是最明显的方法就是消除，从系统的工作方式中移除有问题的活动或"组件"。第二种方式是重新设计，其重点可以是人、人的技能、工作方式、技术或组织。第三种方法是预防，通过引入主动或被动的屏障来阻止初始事件的发生。第四种方法是改进监测，以减少意外事件发生时的意外程度——最好是完全消除意外因素。第五种方法，也是最后一种方法，是在事件发生时保护自己不受后果的影响。现代化的汽车可以很好地说明这五种情况：驾驶员逐渐被淘汰（由技术取而代之），因为他们被视为易于导致安全失败隐患。重新设计也被广泛使用，包括司机的工作场所、单个车辆和交通系统。预防措施通常依靠使用各种被动和日益主动的安全屏障，例如破碎带、制动辅助、牵引控制、交通状况和驾驶员状态监测等。驾驶员最终会受到安全带、安全气囊、安全笼等的保护。

表8.1 对"不可接受的风险"的可能反应

响应措施	具体的响应行动	示例
消除	移除	
重新设计	人	培训，由自动化取代，任务分配
	技术	改进的设计，改进的组件、显示和控制
	组织	安全文化，沟通，任务分配
预防	物理屏障	墙，栅栏，金属围栏，封条，笼子，大门
	功能屏障	锁，连锁装置，密码等
	象征性屏障	警告，警告设备，界面布局，标志，符号
	无形屏障	规则，指南，安全原则，限制和法律
监测	线上（同步）	测量，关键性能指标
	线下（异步）	测试，检查，事件报告
保护	自动	自动防故障装置
	管理	应急响应，"消防"

当然，我们也可能不采取任何措施，这种情况可能在风险/损失被视为可以接受的状态下出现，也可能在成本过高而使人望而却步的情况下出现。

对于非常规事件，几乎没有什么可以做的，其原因主要体现在经济成本方面。虽然准备好应对常规事件并努力防止其发生具有成本效益优势，但非常规事件并不经常发生，不足以证明必要投资的合理性。对于无先例的事件，情况可能更糟，例如切尔诺贝利（Chernobyl）或福岛（Fukushima）核事故。在这里，广泛的事后分析可能会提供一些心理安慰，但很少有实质性的改善。

虽然对事故的响应通常表现为一种理性的、工程上的考虑，但它掩盖不了这样一个事实，即存在一种情感或情绪上的考虑。当一些不好的事情发生时，就会产生安全感受的需求，有时这也可能会进一步产生安全状态的需求。这一点在对事故的"官方"回应中尤为明显，例如，"政府表示将不遗余力地找出造成致命巴士事故的原因"。这基本上意味着"我们"将竭尽所能，使"您"感到安全。

106

　　波音787型客机锂离子电池过热问题就是一个例子。2012年12月至2013年1月，多架飞机的电池出现了问题，或是受损，或是起火。1月16日，美国联邦航空管理局（FAA）发布了一项紧急适航指令，将美国的波音787型飞机停飞。波音公司立即试图寻找原因。2013年3月，在500多名工程师和外部专家花费了20多万小时进行分析、工程工作和测试之后，客机的首席工程师承认，波音公司还没有找到导致飞机锂离子电池过热的确切原因，而且可能永远也无法找到。他们检查了80个可能导致电池起火的潜在问题，将它们分成四类，并为每一类设计了解决方案。2013年4月，美国联邦航空管理局批准对波音787型飞机进行技术改造，后来又批准了787型飞机的飞行。美国交通部部长说，保障公共交通安全是我们的首要任务。对波音787型客机锂离子电池所做的改善工作将确保飞机及其乘客的安全。

　　因此，传统意义上的安全（安全-Ⅰ）是"无"的，即如果没有不良事件（失败或故障）或没有负面后果（伤害或损失），我们就是安全的。因此，主要工作是通过消除、预防和保护等上述已总结出的方式，来确保建立并维持"无"的状况。当然，这种情况的缩影是"纵深防御"的原则，即把安全屏障加在障碍上，以阻止有害影响的渗透。［起源是使用诸如城墙和护城河之类的物理防御设施来保护城市或城堡——或相当于法国在 20 世纪 30 年代建造的马奇诺防线减缓敌人（德国）的前进速度并使他们的军队有时间发动攻击。不过，"纵深防御"一词已被引申为泛指使用屏障物，瑞士奶酪模型就很好地说明了这一点］。几个世纪以来，只要社会技术环境（由于缺乏更好的术语）是稳定且可预测的，这种方法就可以很好地运作。换句话说，在很长一段时间里，变化和创新的速度非常慢，以至于一切是（很容易）可控的。但在 20 世纪中叶以后，情况就不同了。这主要是由于两个因素的结合，一个是人类的发明创造，另一个则是人类在不断努力增加我们对周围世界的掌握。具有讽刺意味的是，这两个因素的综合作用导致了动态不稳定情况的发生，在这种情况下，我们引入了无法控制的解决方案来控制我们最初不了解的系统。换句话说，我们利用技术的力量来弥补我们掌控所构建世界的能力缺陷。在设计社会技术系统时面临的困境是，我们试图用昨天的思维模式（模型、理论和方法）来解决今天的问题，而这种思维模式无意中造成了明天的复杂性。

许多从事不同工作领域的人逐渐认识到这种情况是站不住脚的，因此有必要寻求不同的解决办法。事后看来，这种认识是韧 107
性工程发展的动力之一（部分地，但非全部），尽管当时并未将这一困境（显然的）表述得那么清楚。

否定意义上的安全

在语法中，否定前缀是指否定或颠倒词干意义的小品词。例如，un-unprecedented 或 in-incapable。以此类推，可以将安全-I 看作否定意义的，因为它是由它的对立面定义的，即不存在或缺乏安全来定义的。这也被詹姆斯·瑞森（James Reason，2000）认为是安全悖论。但免于伤害或危害的安全状态意味着不存在"安全的缺失"，并非不存在"安全"。这就产生了另一种悖论或荒谬，即我们试图通过研究那些我们承认并不安全的情况来更多地了解安全——即"从事故中学习"。幸运的是，只有安全科学采用这种独特的方法（Hollnagel，2014b）。一般来说，科学总是试图研究它们所选择的现象。

否定的物理类比是冷。任何物理学家或工程师都可以告诉你，世界上根本没有冷这种东西，只是缺少热量。虽然我们可能会说关上门是为了御寒，但是并不存在寒冷。相反，我们关上门是为了保持热量。如果我们感到寒冷，是无法通过减少寒冷来变暖的，我们只有通过增加热量才能变暖（停止结冰）。为了安全，也有类似的情况。我们不能通过减少事故数量来增加安全，因为这些事故代表着缺乏安全。我们只有经常做正确的事情才能避免事故。测量寒冷度相当于通过计算事故来表征安全性；测量热度相当于测量进展顺利的事情来表征安全性。

解决这个问题的一种方法是提供安全-II，当我们不安全、发生事故时，我们可以不提供它。一种简单且恰当的表达方式就是将世界卫生组织对健康的定义解释为"身体、心理和社会状况完全良好的状态，而不仅仅是没有疾病或虚弱的状态"。将其应用于安全领域，可以这样理解：安全是"一个组织在预期和意外情况下按要求运行的能力，而不仅仅是扼制不良后果的能力"。在物理类比中，安全-II 对应于热量，而安全-I 对应于寒冷。将安全-I 和安全-II 并置非常有价值，因为它可以清楚地表明存在两种不同的现象或概念，一种对应于"没有"，另一种对应于"具有"。虽然该解决方案有效，但同时也带来了一个问题，即安全-I

和安全-II 中的"安全"既是同形词又是同音词，但是它们不具有相同的含义或起源（见图 8.1）。

108

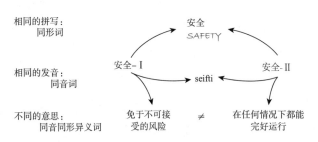

相同的拼写：
同形词

安全
SAFETY

安全- I

相同的发音：
同音词

seifti

安全-II

不同的意思：
同音同形异义词

免于不可接受的风险

≠

在任何情况下都能完好运行

图 8.1 安全的模糊性

这种情况显然既不可取也不实际。由于可能很难理解使用"安全"一词的人是指安全-I 还是安全-II，它也很容易导致讨论混乱。解决这个问题最简单的方法是找到一个不同的词来表示安全-II 的含义。但是，使用术语"安全-I"和"安全-II"具有可观的修辞价值，因为它清楚地表明，对安全的传统理解并不是唯一的。然而，从长远来看，使用一个术语，然后立即补充说它实际上具有完全不同的含义，这就变得很麻烦。

［我很感激哈罗德·廷布尔比（Harold Thimbleby）教授所指出的，安全可以被视为一种否定。］

具有（Synesis）

幸运的是，有一个术语的意思是"具有（with）"，不是"具有伤害和危害"，而是"具有积极或理想的结果"。这是单词 synesis，源自希腊语 σύνεσις 的传统语法和修辞（原意是"统一、满足、意识、良知、洞察力、实现、思想、理性"）。尽管 synesis 主要用于描述语法结构，但该术语对于安全-II 也很有意义。这里 synesis 可以定义为多个活动共同进行以产生或交付可接受结果的条件。个别的活动可能不协调或相互矛盾，但任何困难都可以通过 synesis、通过综合必要的活动来加以克服，使当今的社会技术系统能够按预期发挥作用。因此，如果我们讲一个诊所或建筑工地的"synesis"，我们指的是这种场所必须要有一系列相互依赖的功能，以便按照预先设定的一系列相关标准开展相关活动，这些标准可能是效率（与合理利用资源）、可靠性（它是高度可预测的）和可接受的质量。注意，没有必要明确提及安全。表现良好这一事实意味着没有不利的结果。通过使用 synesis 这个术语，安全被定义为"具有"而不是"没有"。

Synesis 还可以帮助克服语义问题。在诸多领域中，医疗保健是一个突出的例子，但并不是唯一的，它们将安全和质量混为一谈。在某些情况下，质量被视为安全的组成部分，而在另一些情况下，则假定二者存在相反的关系。安全与生产率、生产率与质量等等也是如此。我们可以从安全、质量、生产率的角度来看待一个过程或工作情况。但在任何情况下，我们都应该记住，任何特定的视角都只揭示了正在发生事情的一部分，理解所有正在发生的事情是非常重要的。

由于 synesis 显然是一个比安全-II 更好的术语，它将贯穿本书的其余部分。

8.1 测量的变化

安全的变化也意味着我们需要找到一种合适的方法来测量它——或者说是测量"具有"（synesis）。根据开尔文勋爵（Lord Kelvin）的说法，你只能了解一些根据控制论要求的必要变化定律来测量的知识。显然，要管理某项工作，必须通过建立模型来了解其工作本身，并能够以某种方式对其予以测量。在安全-I 中，一般采取的测量方法计算不想要的结果（事故、事件、失时工伤等）的数量，因此导致了具有讽刺意味的状况，即更高的安全级别对应于更低价值的安全措施。

传统的安全测量方法可以这样表示：

$$Safety = \sum_{1}^{n} (\text{Adverse outcomes}_i)$$

自然地，认为统计得出的不良结果数量是以下因素导致的结果或后果：一个或多个已知原因；某些失败、故障或缺点；未知或不受控制的风险或危害。这种安全性测量方法的优点是，不良后果很容易检测到，因此也很容易计算。从管理和控制工程的角度来看，缺点是随着时间的推移和安全-I 的优化，需要量化的内容会越来越少，因此，支持有效管理的反馈或信息/数据也会越来越少。事实上，"从失败中学习"与"零伤害"或"零事故"的观念相结合，导致了一种没有任何东西可以学习借鉴的局面，因此也就没有了改进的基础。

2001 年，美国组织理论学家卡尔·维克（Karl Weick）提出了一个著名的观点，即可以将安全理解为一种"动态非事件"，即将安全理解为（不良）结果没有发生或被避免，而不是（不良）结果已经发生（Weick, 1987）。在此基础上，重新制定解决方案就成为一件很有意义的事情，因为安全管理的目标应该是确保没有不良后果，或者换句话说，确保事情进展顺利。这在逻辑 110 上引致了如下安全测量方法：

$$Safety = \sum_{1}^{n} (-\text{Adverse outcomes}_i)$$

这一定义意味着安全的特征是不存在失败，而不是存在失败（出错的事情），但这种不存在是积极和持续努力的结果。现实问题是，用这种方式表达的安全是既不能被观察的，也是无法被测量的。例如，我们可以计算出死于交通事故的人数，或者铁路网络中火车在信号（SPAD 或危险信号）处不停车的次数。但不可能去计算那些非事件。在交通死亡的案例中，没有一个有意义的方法来计算那些在交通事故中可能死亡但没有死亡的人数。对于SPAD，原则上或许可以计算出火车在特定区域和特定时段内在信号处停下的次数，但这是非常不切实际的，尤其是当前我们并没有兴趣去了解这个数字是多少。

将安全定义为动态非事件的数量是很有价值的，并且在原理上（或在本质上）与韧性工程具有很好的一致性，从一开始就强调"失败是成功的另一面"。但是，如果与"安全-II"的定义完全一致，以"动态事件"来考虑安全性则会更好，"动态事件"是指进展顺利的事件或活动。我们可以直接提出相应的安全测量方法，即计算可接受结果的数量。这也意味着随着安全的提高，安全的度量值也会变大。

$$Safety = \sum_1^n (Acceptable\ outcomes_i)$$

安全，即 synesis，就是存在可接受结果。可接受结果的数量越多，系统就越安全，所需要做的只是对成功的结果有效分类。虽然这在一开始看起来很困难，因为这是传统安全管理中不熟悉的内容，但实际上并非如此。事实上，当一个组织的其他方面，如生产率、质量、客户满意度等能够被管理时，对成功的结果进行有效分类就会成为水到渠成的事情。

产品和过程的度量

虽然对具有辨识度的结果（可接受的和不可接受的）进行度量很方便，而且通常很容易得到度量结果，但是这其中隐藏了一个主要的概念问题。也就是说，是什么"机制"导致了这样的结果？换句话说，可以用来解释所测结果的理论或者模型是什么？

111

问题如图 8.2 所示。我们假设（实际上我们必须做这样的假设），结果在某种程度上代表了一个组织运行其功能所产生的后果，同时我们可以通过某种控制方式来影响一个组织的运行。这些假设可能相对简单，例如，线性因果关系理念是所有安全-I 模型以及大多数组织模型（包括平衡计分卡中的策略图）的一部分。假设也可以更加详细，例如在高可靠性组织中，或者非线性更强的复杂适应系统或韧性工程。

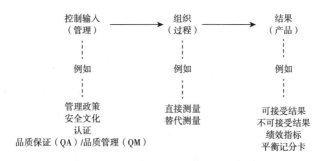

图 8.2 测量类型：产品、过程、指标

基于结果或产品的测量方法通常很简单，但它们的意义取决于有关组织如何运作的基本模型或假设。由于组织（过程）和结果（产品）之间的关系往往没有明确的规定或通常使用非常笼统的术语来表示，例如对于安全文化，结果的测量通常不是管理组织的最佳基础。结果测量还存在其他问题，尤其是在测量之前可能还有相当长的延迟。

医院标准死亡率（HSMR）的例子（见第五章）说明了结果测量的一些问题。一个更严重的问题是，组织功能和结果之间具有紧密联系的关系。因此，一个"不安全"的组织可能在很长一段时间内都不会发生任何事故，而一个安全的组织反而可能会发生事故。换句话说，一个组织的"安全水平"与不良后果的数量之间并非简单的关系——这或许是因为"安全水平"这个概念太过简单。

　　这些测量是参考故障和事故（见图 1.1），还是与更频繁的可接受结果相关，也是一个问题。因此，更好的解决方案是将安全管理建立在过程度量的基础上，在过程度量中可以区分直接度量和指标度量。如果我们要进行直接度量，这意味着度量活动与所做工作直接相关，度量值会很大。就技术系统而言，从洗衣机到核电站，定义需要进行度量的相关过程（因为流程是设计好的且众所周知）并进行测量通常都很简单。就社会技术系统而言，这要困难得多，甚至几乎是不可能的。这并非缺乏尝试，例如各种形式的 SPC，六西格玛，平衡计分卡等，尽管从严格意义上来讲，这些方法对结果的度量存在一定程度的伪装，但仍能说明问题。的确，可能有太多的直接过程度量项，它们可能会波动或暂时变化，这会成为其中一个问题。还有第三种可能性，即使用四种韧性潜能作为替代指标，如第五章所述。替代测量是与期望结果高度相关或紧密相关的间接测量。按照韧性的定义，期望的结果是韧性表现。

　　韧性评估表的目的是评估组织韧性表现的潜力。对组织的响应、监测、学习和预测潜能进行评估可以作为安全（或 synergy）的 "度量"，这与安全-II 的观点一致。在许多方面，评估或 "计算" 这四种潜能比计算特定类别中的特定结果要简单得多。因为评估有一个明确的概念基础，它们从本质上是有意义的。就韧性评估表的内容所产生的干预措施建议而言（牢记 FRAM 模型所描述的依赖性），韧性评估表也可用于支持 "韧性文化" 的建设。

8.2　安全文化的变化

　　安全持续变化的一面将不可避免地产生一系列影响，其中就包括安全文化的定义。

国际核安全咨询小组（INSAG）将安全文化定义为"安全文化是组织和个人的特征、态度的集合，由此，将核设施安全问题作为首要任务，而使其受到重点关注"（INSAG，1991）。最近，它还补充道，"安全文化的概念是一种通过文化视角探索组织如何处理安全问题的方式"［国际原子能机构（IAEA），2016］——尽管这更多的是作为一种评论而不是对原始定义的修订。更受欢迎的版本是"我们在这里保持安全的方式"。在这两种情况下，安全文化的定义都是指"安全"，而安全本身并没有定义。

> 如果将定义改写为以下内容就会变得很清晰："X文化是组织和个人的特征、态度的集合，作为一个最重要的优先事项，X问题得到了与其重要性相匹配的必要关注"。第一章提到的国际民航组织的定义也有同样的问题："（一个）X 113管理系统……是管理X的一种有组织的方法，包括必要的组织结构、责任、政策和程序。"在这两种情况下，定义都是解析性的，即谓语的概念包含在研究对象的概念中，即"X"。

从上下文可以清楚地看出，"安全"一词指的是安全-I框架下的"安全"，因此安全是"免于不可接受的伤害"。但是，在定义的结构中并没有任何内容阻止我们将安全描述为安全-II或synesis。所需要做的就是使谓语更加明确。对于安全-I，定义可以是"组织和个人的特征、态度的集合，有助于将不良后果的数量保持在可接受的低水平"。同样，对于安全-II的定义可以是"组织和个人的特征、态度的集合，有助于实现并维持成功的表现"。换句话说，安全文化不应该被定义为"安全的文化"，它应该被其他东西定义而非它自己。

安全含义的不断变化也将对当前安全-I 词汇表中的许多其他概念产生影响。例如，詹姆斯·瑞森（Reason，1998）提出，安全文化是一种知情的文化，而知情的文化反过来又要求报告文化和公正文化。我们需要一种报告文化来收集从事故、险情和其他"无成本教训"中获得的知识，我们需要一种公正文化来确保人们愿意"承认自己的过失、失误和错误"。在这两种情况下，重点都放在不利事件和不利结果上，即放在了出错的事情上。如果我们关注的焦点是 synesis、可接受的结果以及这些结果是如何产生的，那么就根本不再需要报告文化或公正文化。用实际开展的工作与组织经历的大大小小的调整相关的信息取代报告，这些信息对于组织的管理是非常必要的，能够确保组织在预期的、意外的情况下都能正常工作，并且这对于任何学习和改进来说都是必要的。由此，就不存在公正文化需求了，因为人们会被问及如何开展工作，如何应对意料之外的状况，如何形成强大而有效的工作模式，而不是他们如何失败。也没有必要为分享教训的人提供保护，通常也就不需要太多鼓励。

为了确保韧性，组织必须掌握多个活动如何协同工作以产生可接受的结果，以及如何开发、分析和维持一个综合体。通过展示如何在实践中做到这一点，韧性评估表成了一个安全-II 中的安全管理工具，用来管理 synesis。

附录：
功能共振分析方法入门简介

该附录简要介绍了功能共振分析方法（FRAM）。想要了解更多关于功能共振分析方法的知识，可以登录网址 www. functional resonance. com，以及查阅郝纳根的文章（Hollnagel，2012）。

功能共振分析方法关注系统如何在过去、现在及将来实现正常运行并成功完成目标任务，并对系统的正常/成功运行进行描述。该方法采用一种灵活有效的模型，通过一种明确定义的表现形式对系统的基本功能进行描述。功能共振分析方法能够用来描述组织活动所必需且必要的功能，以及这些功能之间如何相互耦合或相互依赖。

所有安全分析方法都需要借助一个较为成熟的模型。比如，根原因分析方法（Root Cause Analysis）认为：不良结果是由一个或多个因果链的连锁反应导致的，这些因果链以根本原因为起点，以观察到的结果为终点，参见多米诺模型（Heinrich，1931）。TRIPOD 分析方法旨在识别导致事故、不安全事件、险兆事件的潜在原因，这些潜在原因是显性因素和隐性因素的组合，参见瑞士奶酪模型（the Swiss cheese model）（Reason，1990）。事故地图分析方法（AcciMap）（Rasmussen and Svedung，2000）通过将可能的原因映射到六个系统层次之中来表示复杂社会系统的事故情景，该方法按照由物理操作层到社会监管层的顺序，自下而上将事故致因与结果相连接，最终形成分层的致因网络。这些方法本质上都是将事件映射到模型之中进行分析，系统理论事故及过程分析方法（STAMP）和蝴蝶结分析法（Bow-Tie）等其他方法也是如此。

功能共振分析方法有两个不同点。第一，它不完全是一种安全或风险分析方法，更是一种通过分析系统运行以生成相应的模型用于描述系统活动的方法。功能共振分析方法不仅可以用于风险分析，还可以用于任务分析、系统设计等活动。第二，它并不是一个已经存在的模型，而是描述事件如何发生的四种原则或假设。功能共振方法的性质定位是"有方法无模型"而不是"模型+方法"。

原则 1：成败等价

对事故和不安全事件的解读往往依赖于将系统或事件分成几部分，既有诸如人和机器的物理部分，又有诸如过程中的单个行为或步骤的系统活动部分。线性因果关系认为结果的产生受各部分之间线性因果关系的影响，并且认为不良后果归因于系统中发生故障或失败的部分。这表明导致事情出现问题与一切进展顺利的原因是不同的。否则，致力于"找到并解决"不可接受结果的致因，也会影响可接受结果的出现。功能共振和韧性工程采用不同的角度，认为正确的事情和错误的事情是以同样的方式发生的。实际上，结果不同并不意味着对于事件的解释也不同。近似调整这一原则解释了为什么成功与失败等价。

原则 2：近似调整

由于人类并不是机器，分析人员无法精确说明和描述社会技术系统。有效的工作要求系统中各因素的行为表现必须不断满足当前的情形（资源、时间、工具、信息、需求、机会、冲突、中断）。无论是个人还是群体都要为适应所处条件而做出调整，并且调整内容必须涉及具体的任务执行细节和宏观的规划管理等全方面内容。由于资源（时间、材料、信息等）总是有限的，调整通常是近似的而不是精确的。这些近似调整并不会起决定性作用，因为人们总会知道自己期待的是什么并且会持续地为所期望的结果做出弥补行为。近似调整正是事件大多数情况下往好的方向发生的原因。

原则 3：涌现

个别功能的变化几乎不会成为事件失败的原因。相反，多个功能的变化可能会以不可预测的（非线性）形式导致未预料到的和不相称的结果发生——结果可能有消极的一面，也可能有积极的一面。可接受和不可接受的结果都可以认为是源于日常调整所带来的变化，而不是源于某个部件故障或组成部分失效所导致的单一或多个因果链。

原则 4：功能共振

作为线性因果关系的替代，功能共振分析方法提出当两个及以上的功能变化重合时，能够相互抑制或者相互放大结果或输出的变化，结果或输出会产生不相称的十分巨大的变化。在后一种情况中，结果可能会扩展到其他功能，导致其他功能同样产生功能共振现象。

功能共振现象表现为当多个近似调整同时发生时社会技术系统会出现巨大的性能变化。系统性能变化并不是随机的，因为这些近似调整包含了一系列的可理解的调整或试探。人们的行为方式和对非预期情况的反应具有一定规律性，当然，也包括那些由其他人行为所引起的非预期情况。功能共振提出一种系统的方式来理解非因果（涌现）和非线性（不相称）的输出结果。

116

FRAM 模型的基本概念

功能共振分析方法是一种系统性方法，主要用来描述或表示活动通常是如何发生的。这种表示形式称为 FRAM 模型。利用功能共振分析方法描述系统性能时，主要根据执行活动所必需的功能、功能间潜在的耦合关联及典型的功能变化来描述。功能共振分析方法的目的在于对系统日常运行进行精确且系统的描述。

FRAM 中"功能"的含义

功能共振分析方法中，功能（function）表示实现目标的必要手段。简单来讲，一个功能代表的是简单或复杂的行为或活动，如果系统运行想要得到一个确切的结果，功能起着至关重要的作用。

- 通常来讲，一个功能表示个人或集体为了实现特定的目标而必须完成的一个特定的任务，比如给病人分诊或者指挥飞机着陆。
- 一个功能也可以指一个组织的行为：比如铁路的功能就是运输人和货物。
- 一个功能最终也可以是一个技术系统自身（自动化功能，比如机器人）的行为，或者该系统与其他个人或集体（一种互动或者社会技术功能，比如机场自动值机柜台）合作完成的任务。

为了强调功能是用来表示以产生某种输出为目的而进行的活动或要做的事情，建议利用动词或动词短语来描述功能，相应地，英文命名则建议采用动词不定式而不是动名词形式，比如，"（to）diagnose a patient"而不是"diagnosing a patient"；或者

"（to）request information"，而不是"requesting information"。

FRAM 中"功能特征"的定义

功能可以从六个方面进行描述：输入、输出、前提、资源、控制和时间。如果分析小组认为合理，并且刚好有充分的信息和经验的话，一般情况下，功能共振分析方法要求尽可能详细地对功能进行多方面描述。当然，没有规定一定要对每个功能的六个方面都要进行描述，因为描述时确实会遇到一些困难或不合理的情况，比如信息不充分的情况下无法保证对每个功能的各个方面进行描述。虽然不要求描述每个功能的各个方面，但对于所有的前景功能而言，则至少要描述一个输入和一个输出。不过，一定 117 要注意的是，如果只是描述了一个输入和一个输出的话，功能共振分析方法的模型不得不简化为一个普通的流程图或网络图。功能共振分析方法建议每个方面都应该用名词或者名词短语来描述。换句话说，每个方面应该描述为一种状态或事件结果，而不是描述为一项活动（如图 A.1）。

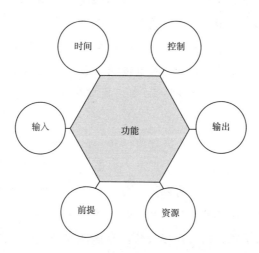

图 A.1 功能共振分析方法中的功能

●功能的输入（I）通常情况下会转化为输出。输入可以表示为物质、能量或信息，也可以是激活或启动功能的东西，比如开始做某件事的许可和指示。输入被看作数据或信息的一种形式，大多数情况下，也会将其解读为事件开始的信号。从形式上来看，输入实际上是环境状态发生改变的结果，这些改变可以根据能量、信息或者位置等方面的变化来判断。因此，人们总是利用名词或名词短语来描述输入。定义一个功能的输入时，也必须同时定义另一个功能的输出。

●输出（O）描述了一个功能的结果，例如，处理输入的结果。输出可以代表物质、能量或信息，比如信息可以是批准、许可或者讨论结果。输出描述了一个或多个输出参数的变化状态。举例来讲，输出也许是其他功能开始运行的信号。输出同样需要用名词或名词短语来描述。定义一个功能的输出时，也必须同时将其定义为另一个功能的输入、前提、资源、控制或者时间中的某一个。

●在建立一个或多个前提（P）之前，有些功能无法开始。这些前提可以看作必须存在的系统状态，也可以看作执行功能之前必须核实的条件。然而，前提并不等同于可以激活功能的信号。可以利用这个简单规则来判断某件事应该描述为输入还是前提。前提需要用名词或名词短语来描述。定义一个功能的前提时，必须同时将其定义为另一个功能的输出。

●资源（R）是执行某一功能时必备的，或者会消耗的事物。资源能够代表物质、能量、信息、技能、软件、工具、人力等。为了有效区分资源和执行条件，可以观察当执行该功能时资源是否产生消耗，若发生消耗，则为资源，若未产生消耗，则为执行条件。资源通常会伴随功能的执行而消耗，从而导致资源逐渐减少；而执行条件只要在功能运行

118

时可实现或存在就可以，不会产生消耗。（前提与执行条件的区别在于，前提只要在功能开始之前存在就可以，不像执行条件一样，在功能执行过程中必须一直存在）。应该用名词或名词短语来描述资源（执行条件）。定义一个功能的资源时，必须同时将其定义为另一个功能的输出。

●控制（C）可以调节输出，从而产生期望的结果。控制可以是一个计划、一个时间表、一系列的指导方针或指令、程序（算法）、"测量和纠正"机制等。另外，还有一些不太正式的控制类型，比如社会控制或者对完成工作任务的预期。社会控制可以是外部的，比如来自他人（管理层、组织、同事）的期望。社会控制也可以是内部的，例如，一些工作方面的习惯性行为或者我们想象的他人对我们的期望。应该用名词或名词短语来描述控制。定义一个功能的控制时，必须同时将其定义为另一个功能的输出。

●时间（T）表示时间能够影响功能表现的多种方式。例如，执行（或完成）某一个功能必须发生在另一个功能之前，在另一个功能之后，与另一个功能重叠、平行或者在一个确切的时间内。对于时间的描述，如果它是一个单词，应该用一个名词来进行描述；如果是一个小短句，应该以一个名词开头。定义一个功能的时间时，必须同时将其定义为另一个功能的输出。

耦合

耦合描述了不同功能之间的联系和相互依赖关系。从形式上来讲，如果一个功能的输出连接到另一个功能的输入、前提、资源、控制或者时间，则称这两个功能为耦合关系。我们称 FRAM 模型中描述的耦合关系（如源于共同点的依赖关系）为潜在的耦合，这是因为模型所描述的是非特定情景下的功能之间的关联或依赖关系。FRAM 模型的实例化则表示在给定的条件或给定的时间范围内，功能的子集实际上是如何相互作用的。子集表示在特定情境或特定预测情况下，已经发生的或预期的实际耦合或依赖关系。具体实例中所描述的耦合关系是不会改变的，而是会在某些假定条件下"固定"或"冻结"。在事件分析中，实例化通常覆盖整个事件的时间范围以及事件中所存在的所有耦合关系。

前景功能和背景功能

功能共振分析方法中的功能可以描述为前景功能或背景功能。这两个术语与上文提到的功能类型无关，而与在特定模型中的功能角色有关，当然也与模型的实例有关。如果一个功能是研究重点的一部分，并且在实践中，该功能的变化可能会导致被考察活动的输出结果发生变化，那么就可以称该功能为前景功能。背景功能用来解释前景功能所使用的一些东西，并且在分析过程中假定背景功能始终处于稳定状态。例如，背景功能可以是资源（适当的员工配置或员工能力）或指令（控制）。正如指令可以被假定为是稳定的一样，一个人的能力也可以被假定为是稳定的（不是变化的）。这并不意味着人的能力是充分的或者指令是正确的，只不过这个能力和指令在执行任务的这段时间内是稳定的。因此，前景功能和背景功能的相对重要性是针对功能的模型来讲的，而不是针对功能本身。如果研究重点发生变化，某一功能可能会由前景功能变成背景功能，反之亦然。

对于前景功能，至少要对输入和输出展开描述。对于表示某物来源的背景功能来讲，只要描述输出就足够。同样的，当背景功能作为过程分析之外的下游功能的终端（比如作为排水口）时，只需描述其输入特征就足够。这意味着只要到达背景功能，FRAM 模型的扩展就可以停止了。（比如图 6.5，包含九个背景功能却仅有两个前景功能。)

上游功能与下游功能

前景功能和背景功能两个专业术语表示了在一个模型中的功能角色，而上游功能和下游功能两个专业术语是用来描述被关注的功能和其他功能之间的时间关系。在利用功能共振模型进行分析时，通过逐步地追踪各个功能之间的潜在耦合关系来推进分析进程。这意味着分析过程中总会关注一个或多个功能，也就是表示分析人员正在分析这些功能的可变性。之前已经关注的功能，意味着该功能已经被执行了，这些功能称为上游功能。同样，如果功能跟随在被关注的功能之后，则称该功能为下游功能。在进行分析的过程中，任何功能都可能会从下游功能的状态转变为上游功能，开始变为关注对象。

FRAM 模型描述了功能及其耦合关系的一般情况，而不是一种特定情况。因此并不能明确某一功能总是在另一个功能之前或之后执行。这只能在模型实例化之后才能确定。相比之下，前景功能和背景功能的标签对于 FRAM 模型和模型实例来讲都是有效的。模型实例化是指利用特定情况或场景的详细信息来创造一个模型的例子或特定示例。这相当于将一个现实的组织功能放置在某一场景中，依据每项功能、运营环境及其上下游的耦合关系的变化确定这些功能的发生顺序。

FRAM 模型的图形表示

正如上文所说，功能共振模型展示的是系统的功能（前景功能和背景功能的联合）。这个模型也描述了功能之间的耦合关系，而这些耦合关系正是从功能的各方面衍生出来的。FRAM 模型利用六边形来表示功能以及各功能之间的潜在关系。［在本书中，所有的 FRAM 模型都使用了 FRAM 模型可视化（FMV）这一软件。FMV 在此处并未展开介绍，如果读者感兴趣，可以登录 www. functionalresonance. com，其中包含当前的应用版本，以及说明书，欢迎下载使用。］图形表现形式并未划定六边形的默认方向和顺序（例如从左到右或自上而下）。

参考文献

Ashby, W. R. (1956). *An Introduction to Cybernetics.*
London: Chapman & Hall.

Australian Radiation Protection and Nuclear Safety Agency
(ARPANSA) (2012). Holistic Safety Guidelines V1 (OS-LA-SUP-
240U). Melbourne, Australia: ARPANSA.

Baumard, P. and Starbuck, W. J. (2005). Learning from
failures: Why it may not happpen. *Long Range Planning*, 38,
281–298.

Besnard, D. and Hollnagel, E. (2012). I want to believe:
Some myths about the management of industrial safety. *Cognition,
Technology & Work*, 16 (1), 13–23.

Burke, W. W. and Litwin, G. H. (1992). A causal model of
organizational performance and change. *Journal of Management*, 18
(3), 523–545.

Carpenter, S. et al. (2001). From metaphor to measurement:
Resilience of what to what? *Ecosystems*, 4, 765–781.

Chapman, D. W. and Volkman, J. (1939). A social
determinant of the level of aspiration. *Journal of Abnormal and Social
Psychology*, 34, 225–238.

Conant, R. C. and Ashby, W. R. (1970). Every good regulator
of a system must be a model of that system. *International Journal of
Systems Science*, 1 (2), 89–97.

Dekker, S. W. A. and Hollnagel, E. (2004). Human factors and folk models. *Cognition*, *Technology & Work*, 6, 79-86.

Foster, P. and Hoult, S. (2013). The safety journey: Using a safety maturity model for safety planning and assurance in the UK Coal Mining Industry. *Minerals*, 3, 59-72.

Haavik, T. K. et al. (2016). HRO and RE: A pragmatic perspective. *Safety Science*, http: //dx. doi. org/10. 1016/j. ssci. 2016. 08. 010.

Hale, A. R. and Hovden, J. (1998). Management and culture: The third age of safety. A review of approaches to organizational aspects of safety, health and environment. In A. M. Feyer and A. Williamson (eds.), *Occupational Injury: Risk Prevention and Intervention*. London: Taylor & Francis.

Hamel, G. and Välikangas, L. (2003). The quest for resilience. *Harvard Business Review*, 81 (9), 52-65.

Heinrich, H. W. (1931). *Industrial Accident Prevention*. New York: McGraw-Hill.

Holling, C. S. (1973). Resilience and stability of ecological systems. *Annual Review of Ecology and Systematics*, 4, 1-23.

Hollnagel, E. (2001). "Managing the Risks of Organizational Accidents" from the cognitive systems engineering viewpoint. Presentation at panel discussion on the " Prevention and Risk-mitigation of System Accidents from the Human-Machine Systems (HMS) Viewpoint" . 8th IFAC/IFIP/IFORS/IEA Symposium on Analysis, Design, and Evaluation of Human-Machine Systems, Kassel, Germany, 18-20 September.

Hollnagel, E. (2006). Resilience—the challenge of the unstable. In E. Hollnagel, D. D. Woods and N. C. Leveson (eds.), *Resilience*

Engineering: *Concepts and Precepts.* Aldershot, UK: Ashgate.

Hollnagel, E. (2009a). *The ETTO Principle*: *Efficiency-Thoroughness Trade-off. Why Things That Go Right Sometimes Go Wrong.* Farnham, UK: Ashgate.

Hollnagel, E. (2009b). The four cornerstones of resilience engineering. In C. P. Nemeth, E. Hollnagel and S. Dekker (eds.), *Preparation and Restoration* (pp. 117-134). Aldershot, UK: Ashgate.

Hollnagel, E. (2011). Prologue: The scope of resilience engineering. In E. Hollnagel et al. (eds.), *Resilience Engineering in Practice. A Guidebook.* Farnham, UK: Ashgate.

Hollnagel, E. (2012). *FRAM-the Functional Resonance Analysis Method*: *Modelling Complex Socio-technical Systems.* Farnham, UK: Ashgate.

Hollnagel, E. (2014a). *Safety-I and Safety-II*: *The Past and Future of Safety Management.* Farnham, UK: Ashgate.

Hollnagel, E. (2014b). Is safety a subject for science? *Safety Science*, 67, 21-24.

Hunte, G. and Marsden, J. (2016). *Engineering Resilience in An Urban Emergency Department*, *Part* 2. Paper presented at the Fifth Resilient Health Care Meeting, August 15 - 17, Middelfart, Denmark. http: //resilienthealthcare. net/meetings/denmark% 202016. html.

ICAO (2006). *Safety Management Manual* (SMM) (DOC 9859 AN/460). Montreal, Canada: International Civil Aviation Organization.

International Atomic Energy Agency (IAEA). (2016). *Performing Safety Culture Self Assessments.* Wien, Austria: International Atomic

Energy Agency.

International Nuclear Safety Advisory Group (INSAG). (1991). *Safety Culture.* Wien, Austria: International Atomic Energy Agency.

Kaplan, R. S. and Norton, D. P. (1992). The balanced scorecard-measures that drive performance. *Harvard Business Review*, January-February, 71-79.

Keesing, R. M. (1974). Theories of culture. *Annual Review of Anthropology*, 3, 73-97.

Kletz, T. (1994). *Learning from Accidents.* London: Butterworth-Heinemann.

Ljungberg, D. and Lundh, V. (2013). *Resilience Engineering within ATM—Development, Adaption, and Application of the Resilience Analysis Grid* (RAG) (LiU-ITN-TEK-G—013/080—SE). Linköping, Sweden: University of Linköping.

March, J. G. (1991). Exploration and exploitation in organizational learning. *Organization Science*, 2 (1), 71-87.

Maslow, A. H. (1943). A theory of human motivation. *Psychological Review*, 50, 370-396.

Maslow, A. H. (1965). *Eupsychian Management.* Homewood, IL: Richard D. Irwin/The Dorsey Press.

McGregor, D. (1960). *The Human Side of Enterprise.* New York: McGraw-Hill.

Miller, J. G. (1960). Information input overload and psychopathology. *American Journal of Psychiatry*, 116, 695-704.

Miller, G. A. , Galanter, E. and Pribram, K. H. (1960). *Plans and the Structure of Behavior.* New York: Holt, Rinehart & Winston.

Moon, S. et al. (2015). Will Ebola change the game? Ten

essential reforms before the next pandemic. The report of the Harvard-LSHTM Independent Panel on the Global Response to Ebola. *The Lancet*, 386 (10009), 2204-2221.

Parker, D. , Lawrie, M. and Hudson, P. (2006). A framework for understanding the development of organisational safety culture. *Safety Science*, 44, 551-562.

Perrow, C. (1984). *Normal Accidents.* New York: Basic Books.

Pringle, J. W. S. (1951). On the parallel between learning and evolution. *Behaviour*, 3, 175-215.

Prochaska, J. O. and DiClemente, C. C. (1983). Stages and processes of self-change of smoking: Toward an integrative model of change. *Journal of Consulting and Clinical Psychology*, 51 (3), 390-395.

Rasmussen, J. and Svedung, I. (2000). *Proactive Risk Management in a Dynamic Society.* Karlstad, Sweden: Swedish Rescue Services Agency.

Reason, J. T. (1990). The contribution of latent human failures to the breakdown of complex systems. *Philosophical Transactions of the Royal Society (London)*, Series B. 327, 475-484.

Reason, J. T. (1998). Achieving a safe culture: theory and practice. *Work & Stress*, 12 (3), 293-306.

Reason, J. T. (2000). Safety paradoxes and safety culture. *Injury Control & Safety Promotion*, 7 (1), 3-14.

Rigaud, E. et al. (2013). Proposition of an organisational resilience assessment framework dedicated to railway traffic management. In N. Dadashi et al. (eds.), *Rail Human Factors: Supporting Reliability, Safety and Cost Reduction.* London: Taylor &

Francis.

Schein, E. H. (1990). Organisational culture. *American Psychologist*, 45 (2), 109-119.

Shewhart, W. A. (1931). *Economic Control of Quality on Manufactured Product.* New York: D. Van Nostrand Company.

Taylor, F. W. (1911). *The Principles of Scientific Management.* New York: Harper.

Tredgold, T. (1818). On the transverse strength of timber. *Philosophical Magazine: A Journal of Theoretical, Experimental and Applied Science*, Chapter XXXXVII. London: Taylor and Francis.

Tuchman, B. W. (1985). *The March of folly: From Troy to Vietnam.* New York: Ballantine Books.

VMIA (2010). *Reducing Harm in Blood Transfusion: Investigating the Human Factors behind " Wrong Blood in Tube "* (WBIT). Melbourne, Australia: Victoria Managed Insurance Authority.

Weick, K. E. (1987). Organizational culture as a source of high reliability. *California Management Review*, 29 (2), 112-128.

Weinberg, G. M. and Weinberg, D. (1979). *On the Design of Stable Systems.* New York: Wiley.

Westrum, R. (1993). Cultures with requisite imagination. In J. A. Wise, V. D. Hopkin and P. Stager (eds.), *Verification Ad validation of Complex Systems: Human Factors Issues* (pp. 401 - 416). Berlin: Springer Verlag.

Westrum, R. (2006). A typology of resilience situations. In E. Hollnagel, D. D. Woods and N. Leveson (eds.), *Resilience Engineering: Concepts and Precepts.* Aldershot, UK: Ashgate.

Wiener, N. (1954). *The Human Use of Human Beings.* Boston, MA: Houghton Mifflin Co.

Woods, D. D. (2000). *Designing for Resilience in the Face of Change and Surprise: Creating Safety under Pressure.* Plenary Talk, Design for Safety Workshop, NASA Ames Research Center, October 10.

术语表

因果信条。在安全-I 中，对事故如何发生的解释都有一个不言而喻的假设，即后果是发生在较早时间点上的很多原因综合产生的结果。它是对因果定律的一种普遍看法，甚至是一种强烈的信仰，因此可以被称为因果信条。根据因果信条进行推理分为以下步骤：（1）不利后果的产生是因为某些事情出错；（2）如果收集到足够的证据，就有可能找到原因，然后通过消除，阻隔或其他方式使之失效；（3）所有不利后果都有原因，以及所有原因都可以被发现和处理，因此事故是可以预防的。零事故愿景正是因果信条的逻辑结果。

复杂性。术语"复杂性"，无论是单独使用还是在短语中作为形容词使用，比如"复杂适应系统"，都是一个整体性解释的例子。在大多数情况下，我们不可能完全了解我们必须管理的系统和运作的组织。这可以通过指出系统和组织是复杂的来解释。但复杂性不仅指的是系统本身的一个特征，还指的是人类无法理解某些东西（一种现象或一个目标系统）。因此，声称复杂性是本体论的而不是认识论的是没有根据的。

文化。文化代表了一个群体（有时很小，但通常很大）对如何行动以及在一般和特定情况下做什么的共识。这种共识有时是显性的，但通常是隐性的。因此，虽然它不是个人和集体行为的唯一的决定因素，却是一个重要的决定因素。文化通常用作后缀，例如安全文化、公正文化、报告文化。

不同致因假说。根据不同致因假说，事情出错的原因（事故，意外事件）和事情进展顺利的原因（可接受的结果）是不同的。如果不是这样，那么"发现并修复"的解决方案——消除事情出错的原因——也会影响事情进展顺利的原因。尽管这一假说很少被明确陈述，但它是安全-Ⅰ的固有组成部分。

难解的。 如果一个系统的运行原理只有一部分是已知的（或 126 者在极端情况下，是完全未知的），如果对系统的描述有很多细节，如果系统不稳定或者发展得太快以至于难以描述，那么这个系统就被认为是难解的。

必要变化定律。 这一定律是控制论——研究"生命体和机器之间控制和通信"的科学——的一部分，它指出，为了确保一个系统运行结果有足够小的变化，那么这个系统中的调节器也要有足够多的变化。简而言之，如果一个组织中发生的事情超出了领导者或管理层的设想（和预先准备），那么这个组织就无法得到有效管理。

整体性解释。 对非常规、动态事件的解释和/或描述通常使用一个概念或因素来"解决"一系列问题。这种多对一的解决方案显然很有吸引力，因为它使解释某事和与人交流变得更加容易。这种解释依赖于一个单一的概念，因此被称为整体性解释。尽管整体性解释在心理上令人满意，但其实用价值有限。它代表了一种社会习俗，因此本质上是社会建构的产物。

非常规的、复杂的。 非常规复杂系统在一定程度上不可复原且不可预测。这意味着，即使放任系统自己发展，也无法确定系统将如何发展，以及其对变化和干预的反应将是什么。缺乏可预测性是由于对系统及其运作方式的了解不完整或不充分。

韧性。 如果系统在预期和意外的情况（变化/干扰/机会）下都能按要求运行，那么系统表现就是韧性的。韧性表现要求组织本身具备韧性潜能，并不断开发、保持和提升这些潜能。由于韧性是韧性潜能的一种表征，它通常用于形容一个组织所做的事情，而不是它所拥有的东西。

安全。安全通常是指不存在或不受某些事物的影响，即没有不可接受的或不利的结果。这导致了一个矛盾的情况，即安全是由不存在而不是存在的情况或条件来定义的。

安全-I。安全-I 指的是不可接受结果（事故/意外事件/险兆事件）的数量尽可能低的情况。安全-I 因此被定义为它的具体形式，即缺少安全（事故，意外事件，风险）。

安全-II。安全-II 是指可接受结果（即日常工作）的数量尽可能多的一种情况。因此，安全-II 被定义为安全的存在，即具有（synesis）。

安全文化。安全文化是整体性解释的一个例子，其中文化被用作后缀。安全文化的标准定义是"组织和个人的特征、态度的集合，作为一个最重要的优先事项，核电站安全问题得到了与其重要性相匹配的必要关注"，此外，安全文化更多是关于自身的，因此，除非双方都同意什么是"安全"，否则毫无用处。

Synesis. 指的是多种活动结合在一起以有效方式带来预期结果的一种情况。这些相互依赖的功能对于工作场所按照一套相关标准（安全、质量、生产率等）执行其活动是必要的。

系统。系统通常依据其结构定义为"一组对象以及对象之间、对象的属性之间的关系"。但是系统也可以定义为提供特定性能表现所需的一组耦合功能。一个组织在这两种意义上都是一个系统，但对系统的功能定义比结构定义更有趣也更有用。

易解的。如果一个系统的功能原理是已知的，如果对它的描述是简单而没有很多细节的，最重要的是，如果它在描述过程中没有变化，那么这个系统是易解的。

常规的。如果一个系统或事态很明显将要发生什么，它就被称为常规的系统。一个常规的系统首先是可预测的。可预测性是指系统自行发展或改变的方式是可以预见的。可预测性还意味着系统对变化和干预（管理输入）的响应是可以预测的。在任何一种情况下，预测都可以在短期内具有较高的确定性，也可以在更长的时间里或长期内具有较低但仍可接受的确定性。第二种形式的可预测性是系统可控的必要条件（参见"必要变化定律"）。

索 引

（本索引的页码是原书页码，即本书边码）

图书在版编目（CIP）数据

安全的新内涵与实践：基于韧性理论／（丹）埃里克·郝纳根（Erik Hollnagel）著；马晓雪，乔卫亮译. -- 北京：社会科学文献出版社，2021.9

书名原文：Safety-II in Practice：Developing the Resilience Potentials

ISBN 978-7-5201-8483-0

Ⅰ.①安… Ⅱ.①埃… ②马… ③乔… Ⅲ.①安全管理 Ⅳ.①X92

中国版本图书馆 CIP 数据核字（2021）第 112682 号

安全的新内涵与实践：基于韧性理论

著　　者／〔丹〕埃里克·郝纳根（Erik Hollnagel）
译　　者／马晓雪　乔卫亮

出 版 人／王利民
责任编辑／黄金平　张建中

出　　版／社会科学文献出版社·政法传媒分社（010）59367156
　　　　　　地址：北京市北三环中路甲 29 号院华龙大厦　邮编：100029
　　　　　　网址：www.ssap.com.cn
发　　行／市场营销中心（010）59367081　59367083
印　　装／三河市尚艺印装有限公司

规　　格／开本：787mm×1092mm　1/16
　　　　　　印张：11.5　字数：146 千字
版　　次／2021 年 9 月第 1 版　2021 年 9 月第 1 次印刷
书　　号／ISBN 978-7-5201-8483-0
著作权合同
登 记 号／图字 01-2021-1506 号
定　　价／78.00 元